DOP生产与实训

王秋莲　主编　　　简　华　孙艳丽　副主编

化学工业出版社

·北京·

本书以邻苯二甲酸二丁酯（DBP），邻苯二甲酸二辛酯（DOP）的生产工艺为核心，较全面的讲述了增塑剂的应用、生产的开车准备、生产过程、设备与维护、产品质量控制及分析的一般知识、简单的化工计算和与安全生产有关的知识和规定。全书共分为七章，内容包括化工生产概论、增塑剂概述、邻苯二甲酸酯类增塑剂、邻苯二甲酸二辛酯、基本计算、安全生产、DOP仿真系统，书后还有附有附录，方便读者查询。

本书作为本科、高职等化工技术类专业及相关专业学生进行生产性实训的教材，也可作为相关生产企业技术人员的参考用书或职工培训教材。

图书在版编目（CIP）数据

DOP 生产与实训/王秋莲主编. —北京：化学工业出版社，2013.8（2021.2重印）
ISBN 978-7-122-18156-5

Ⅰ.①D⋯　Ⅱ.①王⋯　Ⅲ.①邻苯二甲酸酯-增塑剂-化工生产-生产工艺　Ⅳ.①TQ414.1

中国版本图书馆 CIP 数据核字（2013）第 182977 号

责任编辑：张双进
责任校对：宋　玮　　　　　　　　　　　　　　　装帧设计：王晓宇

出版发行：化学工业出版社（北京市东城区青年湖南街 13 号　邮政编码 100011）
印　　装：北京科印技术咨询服务公司顺义区数码印刷分部
787mm×1092mm　1/16　印张 10¼　字数 246 千字　2021 年 2 月北京第 1 版第 3 次印刷

购书咨询：010-64518888　　　　　　　　售后服务：010-64518899
网　　址：http://www.cip.com.cn
凡购买本书，如有缺损质量问题，本社销售中心负责调换。

定　　价：28.00 元

前　言

本教材是以天津渤海职业技术学院 DOP（邻苯二甲酸二辛酯）生产实训车间为基础进行编写的。该装置是以原天津溶剂厂生产装置为基础，校企合作共同开发的一套真实的多功能中试生产装置，除能生产 DOP 外还可生产 DBP、DIBP 等多个产品。并配套建有热油电加热系统，蒸汽发生器，冷却水循环系统等，既能够间歇生产也能够实现半连续生产。

在建设装置的同时，与东方仿真技术公司联合开发了仿真实训系统，既能够进行软件仿真操作，也可进行硬件仿真操作。

经过几年的教学实践，我们认为，DOP 生产装置是目前化工类专业性实践的典型的实训系统。具有实际与仿真相结合，现场与理论相结合、环保与安全等特点。在教学实践的基础上，我们针对 DOP 生产编写了以操作训练为主要内容的教材。在编写过程中参照了精细化学品生产技术、有机化工生产技术、生产过程自动控制等专业学生实习目标，力求深入浅出，浅显易懂，贯彻以强化应用为目的，以培养技能为教学重点的原则，突出应用能力和综合素质的培养，具有较强的实用性。

本教材共分为六章和附录，以邻苯二甲酸二丁酯，二辛酯的生产工艺为核心，借鉴了同行业和许多专家的文献资料，较全面地讲述了增塑剂的应用、生产的开车准备、生产过程、设备与维护、提高产品质量、产品分析的一般知识，简单的化工计算、安全生产有关知识和规定等。

本书由天津渤海职业技术学院王秋莲主编，并编写第 1 章、第 2 章、第 3 章、第 4 章，孙艳丽编写第 5 章，简华编写第 1 章、第 6 章，王秋莲、王凯、简华共同编写了第 7 章。全书由王秋莲、王凯统稿，杨永杰主审。

本教材适用于本科、高职等化工技术类专业学生进行生产性实训的学习。由于编者水平有限，时间仓促，书中难免有欠妥之处，欢迎读者批评指正。

编者
2013 年 6 月

目　　录

第1章　化工生产概论 …………………… 1
1.1　化学工业与化工生产过程 ………… 1
1.1.1　化工的基本概念 ……………… 1
1.1.2　化工生产过程的特点 ………… 1
1.2　化工生产过程的基本组成规律 …… 2
1.2.1　单元操作和单元反应 ………… 2
1.2.2　化工生产过程的三个基本步骤 … 3
1.2.3　化工生产过程中的两种转换——
物质转换与能量转换 ………… 4
1.3　化工生产过程的有关基本概念 …… 5
1.3.1　相和相变 ……………………… 5
1.3.2　过程的平衡关系和过程速率 … 6
1.3.3　物料计算和能量计算 ………… 6

第2章　增塑剂概述 ……………………… 8
2.1　增塑剂的工业概况与定义 ………… 8
2.1.1　增塑剂的工业概况 …………… 8
2.1.2　增塑剂的定义 ………………… 9
2.1.3　增塑剂和石油化工 …………… 10
2.1.4　增塑剂的安全性和相关法律
法规 …………………………… 10
2.2　增塑剂的分类与应用 ……………… 11
2.2.1　增塑剂的分类方法 …………… 11
2.2.2　理想增塑剂和工业标准增塑剂 … 13
2.2.3　增塑剂的选用 ………………… 14
2.3　我国的增塑剂工业 ………………… 15
2.3.1　生产方法和现状 ……………… 16
2.3.2　我国的增塑剂品种及发展前景 … 16
思考题 ……………………………………… 18

第3章　邻苯二甲酸酯类增塑剂 ………… 19
3.1　产品的种类性能和用途 …………… 19
3.1.1　产品种类 ……………………… 19
3.1.2　主要产品的性能及用途 ……… 19
3.1.3　增塑剂的应用原则 …………… 23
3.1.4　增塑剂质量对制品质量的影响 … 24
3.2　邻苯二甲酸酯类增塑剂的生产 …… 26
3.2.1　邻苯二甲酸酯类增塑剂的一般制
造法 …………………………… 26
3.2.2　邻苯二甲酸酯类增塑剂的工业

生产 ………………………… 31
3.3　邻苯二甲酸酯的合成 ……………… 36
3.3.1　酯的合成反应 ………………… 36
3.3.2　影响酯化反应的因素 ………… 37
3.3.3　影响粗酯质量的主要因素 …… 38
3.3.4　酯化工艺条件 ………………… 43
3.4　邻苯二甲酸酯的净化 ……………… 44
3.4.1　中和、水洗工序 ……………… 44
3.4.2　脱醇工序 ……………………… 44
3.4.3　压滤工序 ……………………… 45
思考题 ……………………………………… 45

第4章　邻苯二甲酸二辛酯 ……………… 46
4.1　生产原理及工序概述 ……………… 46
4.1.1　产品性能及用途 ……………… 46
4.1.2　生产反应原理及工序概述 …… 46
4.1.3　生产主要设备介绍 …………… 48
4.2　生产工艺规程 ……………………… 50
4.2.1　物料基本性质和质量标准 …… 50
4.2.2　反应原理及工艺条件和工艺
流程 ………………………… 52
4.3　生产岗位操作规程 ………………… 63
4.3.1　开车前准备工作 ……………… 63
4.3.2　开车 …………………………… 64
4.3.3　岗位操作要点 ………………… 64
4.3.4　常用指标的质量检测 ………… 68
4.3.5　停车、收尾 ………………… 70
4.4　邻苯二甲酸二辛酯开、停车检查
规程 ………………………………… 70
4.4.1　规程执行要求 ………………… 71
4.4.2　二辛酯装置开车检查要求 …… 71
4.4.3　二辛酯装置停车检查要求 …… 72
思考题 ……………………………………… 72

第5章　基本计算 ………………………… 73
5.1　工艺过程中的一般计算 …………… 73
5.1.1　有关投料配比的计算 ………… 73
5.1.2　根据投料量计算生产量 ……… 74
5.1.3　根据生产量来计算投料量 …… 74
5.1.4　产率计算 ……………………… 75

5.1.5　溶液浓度的计算 ······· 75
5.2　设备的一般计算 ··········· 76
　5.2.1　填料的计算 ··········· 76
　5.2.2　平均停留时间的计算 ·· 77
思考题 ··························· 78

第6章　安全生产 ············· 79
6.1　安全生产基础知识 ········· 79
　6.1.1　燃烧三要素 ··········· 79
　6.1.2　引起火灾的火源有哪些 79
　6.1.3　什么叫燃点 ··········· 80
　6.1.4　什么叫自燃点 ········· 80
　6.1.5　什么叫闪点 ··········· 81
　6.1.6　什么叫爆炸极限 ······· 81
　6.1.7　常使用的灭火器的构造、性能和
　　　　 使用方法 ··········· 82
　6.1.8　如何选用灭火器 ······· 83
6.2　化工生产安全规定 ········· 83
　6.2.1　生产厂房防止火灾危险的措施 83
　6.2.2　使用酸碱的防护措施 ·· 84
　6.2.3　安全检修 ············· 84
6.3　事故案例与教训 ··········· 85
　6.3.1　火灾事故 ············· 85
　6.3.2　烫伤事故 ············· 86
　6.3.3　生产中安全事故案例分析 ·· 86
6.4　化工安全生产禁令 ········· 87
6.5　操作工的六严格 ··········· 88
　6.5.1　严格执行交接班制 ····· 88
　6.5.2　严格进行巡回检查 ····· 90

6.5.3　严格控制工艺指标 ······· 91
6.5.4　严格执行操作法（票） ·· 92
6.5.5　严格遵守劳动纪律 ······· 93
6.5.6　严格执行安全规定 ······· 93
思考题 ··························· 94

第7章　DOP仿真系统 ········· 95
7.1　DOP仿真系统学员站基本操作 95
　7.1.1　程序启动 ············· 95
　7.1.2　学员站程序主界面 ····· 98
　7.1.3　画面介绍及操作方式 ·· 100
　7.1.4　使用PISP平台评分系统 ·· 107
7.2　工艺流程简述 ············ 113
　7.2.1　工艺说明 ············ 113
　7.2.2　工艺流程简介 ········ 118
　7.2.3　设备和主要控制 ······ 118
7.3　DOP仿真操作规程 ········ 123
　7.3.1　冷态开车操作规程 ···· 123
　7.3.2　停车操作规程 ········ 128
7.4　仿真界面 ················ 130

附录 ······················· 133
附录一　化工常用名词解释 ···· 133
附录二　常用增塑剂名称简表 ·· 134
附录三　DOP装置开、停车检查记录 ·· 134
附录四　企业常用的特种作业表 146
附录五　中华人民共和国国家标准
　　　　 GB/T 11406—2001 ····· 153

参考文献 ····················· 158

第 1 章　化工生产概论

化工生产实训的任务是学习化工生产的基础知识和基本操作技能。化工生产知识的范围较广，本书着重讨论化工生产过程的基本知识，包括主要单元操作、单元反应和化工生产过程控制的基本知识，以适应从事生产操作的需要。本章概括地介绍化工生产过程的有关基本概念和基本规律，为学习以后各章做好准备。

1.1　化学工业与化工生产过程

1.1.1　化工的基本概念

"化工"，是"化学工业"、"化学工艺"以及"化学工程"的简称。所说的"化工"，主要指化学工业。

以天然物质或其他物质为原料，通过化学方法和物理方法，使其结构、形态发生变化，生成新的物质，制成生产资料和生活资料的工业，称为化学工业。

化学工业是国民经济的重要部门，它不仅和人民生活息息相关，而且对国家的国民经济建设以及人类的生存和发展，起着重要的作用。农业现代化需要化学工业提供化肥、农药和其他农用化学品；国防现代化需要化学工业为先进军事技术装备提供各种新型材料；科学技术现代化需要化学工业提供许多尖端材料，像微电子技术所需的高纯试剂、信息技术所需的显示和记录材料以及航天工业的特殊空间材料大都是化学工业提供的。当前，人类面临的一个突出问题是存在着资源、能源、环境等危机，解决这些问题的根本途径也有赖于化学工业。核能的利用为解决能源危机开辟了广阔的前景。环保工程只有与化工技术结合，才能从根本上杜绝污染，使排放物充分回用，实现经济循环。总之，化学工业已经并将继续为国家的现代化建设和人类的生存发展做出重大贡献。

1.1.2　化工生产过程的特点

化学工业的性质决定了化工生产过程具有下述四个特点。

（1）生产过程连续性和间接性　化工生产是通过一定的工艺流程来实现的，属于流程型生产。工艺流程指的是以反应设备为骨干，由系列单元设备通过管路串联组成的系统装置。

流程型生产一般具有连续性和间接性。连续性体现在两个方面：第一，空间的连续性，生产流程是一条连锁式的生产线，各个工序紧密衔接，首尾串通，无论哪个工序失调，都会导致整个生产线不能正常运转；第二，时间的连续性，生产长期运转，昼夜不停，各个班次紧密衔接，无论哪班出故障，都会影响整个生产过程的正常运行。间接性则体现在操作者一般不和物料直接接触，生产过程在密闭的设备内进行，对物料的运行变化看不见，摸不着，操作人员要借助管道颜色识别物料，靠检测仪表、分析化验了解生产情况，用仪表或计算机控制生产运行。

（2）生产技术的复杂性和严密性

① 复杂性。化工的工艺流程多数比较复杂，而且发展趋势是复杂程度越来越高。当今

的基础化学工业正朝着大型化和高度自动化发展；而应用化学工业正朝着精细化、专用化、高性能和深加工发展。

②严密性。由于化学反应对其应具备的条件要求非常严格，每种产品都有一套严密的工艺规程，必须严格执行，否则不仅制造不出合格产品，还会造成事故。

（3）原料、产品和工艺的多样性　目前中国生产的化工产品约有 4 万多种，全世界有 5 万种以上，这个数字还在迅速增加。化工生产可以用不同原料制造同一产品，也可用同一原料制造不同产品。化工产品一般都有两种以上的生产工艺。即使用同样原料制造同一种产品，也常有几种不同的工艺流程。

（4）安全生产的极端重要性　有些化学反应或物理变化要在高温、高压、真空、深冷等条件下进行，有许多物料具有易燃、易爆、易腐蚀、有毒等性质，这些特点决定了化工生产中的安全和环境保护极其重要。学习化工生产知识，要特别注意学习掌握安全生产与环境保护的知识和技能。

化工生产过程的运行要依靠良好的操作。化工操作是指在一定的工序、岗位对化工生产装置和生产过程进行操纵控制的工作。对于化工这种靠设备作业的流程型生产，良好的操作具有特殊重要性。因为流程、设备必须时时处于严密控制之下，完全按工艺规程运行，才能制造出人们需要的产品。大量实践说明，先进的工艺、设备，只有通过良好的操作才能转化为生产能力。在设备问题解决之后，操作水平的高低对实现优质、高产、低耗起关键作用。很多工业发达国家对化工操作人员的素质都极为重视。中国对化工操作人员的素质要求已做出明确规定。《化工工人技术等级标准》等文件指出：化工主体操作人员从事以观察判断、调节控制为主要内容的操作，这是以脑力劳动为主的操作，这种操作，作业情况复杂，工作责任较大，对安全要求高，要求操作人员具有坚实的基础知识和较强的分析判断能力。

1.2　化工生产过程的基本组成规律

化工生产过程种类繁多，很难完全掌握。但各种生产过程都有着共同的基本组成规律，掌握了这种规律，就可以了解化工生产过程的概貌。其基本组成规律主要有以下几点。

第一，化工生产过程是由若干单元操作和单元反应等基本加工过程构成的，它们如同化工生产过程的"构件"；

第二，化工生产过程是由原料的预处理、化学反应和反应产物加工这三个基本步骤构成的；

第三，化工生产过程贯穿着两种转换，即物质转换和能量转换。

1.2.1　单元操作和单元反应

在化工生产过程中，具有共同特点，遵循共同的物理学或化学规律，所用设备相似，作用相同的基本加工过程称为单元操作或单元反应，其中具有物理变化特点的基本加工过程称为单元操作（也叫物理过程）；具有化学变化特点的基本加工过程称为单元反应（也叫单元过程或化学过程）。

单元操作和单元反应为数并不多，加起来不过几十种，但它们能组合成各种各样的化工生产过程，就像 26 个英文字母能组合成无数的词句和文章一样。常用的单元操作有 18 种，如表 1-1 所示，按其性质、原理可分为五种类型。

表 1-1 常用单元操作（18种）一览表

类别	名称		作 用	设备举例
流体流动过程	流体输送	液体输送	把液体物料从一处输送到另一处	泵
		气体输送	把气体物料从一处输送到另一处	风机
		气体压缩	提高气体压力,克服输送阻力	压缩机
	非均相物系分离	沉降	用沉降的方法把悬浮颗粒从液体或气体中分离出来	沉降槽(罐)
		过滤	用多孔物质阻挡固体颗粒,使之从气体或液体中分离出来	过滤机
		离心分离	在离心力作用下,分离悬浮液或乳浊液	离心机
	固体流态化		用流体使大量固体颗粒悬浮而具有流体特点	流化床反应器
传热过程	传热		使物料升温、降温或者改变相态	换热器
	蒸发		用汽化的方法,使非挥发性物质的稀溶液浓缩成较浓的溶液	蒸发器
	结晶		使溶质成为晶体,从溶液中析出	结晶器
传质过程	蒸馏		通过汽化和冷凝将液体混合物分离	精馏塔
	吸收		用液体吸收剂将气体混合物分离	吸收塔
	萃取		用液体萃取剂将液体混合物分离	萃取塔
	干燥		一般指用加热汽化的方法除去固体物料所含水分	干燥器
热力过程	冷冻		将物料温度降到比常温低的操作	冷冻循环装置
机械过程	粉碎		在机械外力作用下,使固体颗粒变小	粉碎机
	筛分		将固体颗粒分为大小不同的部分	网形筛
	固体输送		把固体物料从一处输送到另一处	皮带运输机

注:结晶过程也有传质,干燥过程也有传热,这两种单元操作也可归类于"热质传递过程"。

① 流体流动过程的单元操作遵循流体动力学规律进行的操作过程,如液体输送、气体输送、气体压缩、过滤、沉降等。

② 热量传递过程的单元操作遵循热量传递规律进行的操作过程,也叫传热过程,如传热、蒸发等。

③ 质量传递过程的单元操作。物质从一个相转移到另一个相的操作过程,也叫传质过程,如蒸馏、吸收、萃取等。

④ 热力过程的单元操作遵循热力学原理进行的单元操作,如冷冻等。

⑤ 机械过程的单元操作。靠机械加工或机械输送进行的单元操作,如粉碎、固体输送等。

1.2.2 化工生产过程的三个基本步骤

化工生产过程是由原料预处理、化学反应（主反应）、反应产物加工三个基本步骤组成的。化工生产过程一般都包括这三个基本步骤。

(1) 原料预处理 将原料进行一系列的处理,达到化学反应所要求的状态。

(2) 化学反应 使反应物在反应器内发生化学变化,生成新的物质。

(3) 反应产物加工 将反应产物进行一系列加工,制成符合质量要求的成品,同时将未反应的原料、副产物和暂不需要的"废料"回收处理。

这三个步骤又都是由若干个单元操作和单元反应构成的。原料预处理和反应产物加工主要是由单元操作构成,有时也有一些化学反应;化学反应步骤主要是由单元反应构成,有时伴随有物理过程,如有的反应器附有搅拌。

三个基本步骤是化工生产过程的主干。了解一个生产过程,首先应分析它的三个基本步骤,抓住主干,然后进一步分析各基本步骤中的单元操作或单元反应,这样就能清晰地了解整个生产过程。

1.2.3　化工生产过程中的两种转换——物质转换与能量转换

　　所有化工生产过程都是物料转换与能量转换相伴进行的过程,这是化工生产的一个重要规律。这个规律是由化学工业的性质所决定的。化学工业要使物质的结构、成分、形态发生变化,生成新的物质,这些变化就是物质转换。而各种物质转换,不论是物理变化还是化学变化,都伴随着能量转换。

　　单元操作进行的物理过程都和能量转换紧密联系,如液体输送要消耗电能,粉碎要消耗大量机械能,蒸馏、蒸发要消耗大量热能。单元反应进行的化学过程也都伴随着能量转换,有的化学反应要输入能量,有的化学反应要输出能量。如电解反应要输入大量电能。硫黄制硫酸则要放出能量,因此有的硫黄制硫酸工艺过程安装了余热发电装置,以使反应放出的热量得到有效利用。

　　在生产中,要运用"两种转换"的规律来指导化工操作,以较少的物料消耗和能量消耗生产出优质的产品。那么,怎样用"两种转换"的规律指导化工操作呢?要抓住"了解"与"控制"两个环节;从以下三方面入手。

　　(1) 了解物料运行的状况　物料运行通常有下列三种表现形式。

　　① 物料的输入和输出。输入的有原料和辅助材料;输出的有产品、中间产品、副产品和"废料"。

　　② 物料的变化。物料在装置中发生化学变化和物理变化。

　　③ 物料的循环。有些反应过程,反应物不可能完全转化成产物,因此,要将那些没有转化的反应物循环使用。

　　(2) 了解能量运行的情况　能量的运行也包括输入、转换和输出三种表现形式。能量的输入一般包括随物料带进的能量和外加能量,而外加能量则表现为向生产装置供给水、电、汽、气、冷等五种动力资源。

　　① 水指用于动力的水,如加热与冷却用的水。

　　② 电包括用电力驱动生产设备,将电能转换为机械能;用电直接参与化学反应过程,如电解。

　　③ 汽指水蒸气。

　　④ 气指用于动力的压缩空气和仪表用气。

　　⑤ 冷指低温操作所需的冷量。

　　这五种动力资源一般由工厂公用工程部门负责供给,操作人员要经常了解以上各种运行状况,并且要通过物料计算和能量计算来掌握其数量,以便根据实际状况有效地操作。

　　(3) 控制物料、能量的运行　严格控制工艺指标,经常对各项工艺指标进行分析,以判断物料运行状况和能耗情况;尤其要严格控制反应物转化为生成物的转换程度,根据转换程度的工艺参数,准确地判断是否达到了反应终点,以决定能否将物料转入下一工序。

　　综上所述,化工生产基本组成规律可以概括如下。

　　① 文字表述。化工生产过程的表现形式是由若干单元操作和单元反应串联组成的一套工艺流程,通过三个步骤,进行两种转换,将化工原料制成化工产品。

　　② 图示。用图示的方法可以清晰地说明化工生产过程的概貌。

　　③ 分析运用。运用化工生产基本组成规律分析实际生产过程,对今后工作具有重要的实际意义。当接触到一个新的生产过程时,先了解其概貌,就能迅速熟悉整个生产过程,并能在生产操作时深刻理解局部和全局的关系,提高操作水平。

1.3　化工生产过程的有关基本概念

1.3.1　相和相变

化工生产过程有化学变化和物理变化，物理变化有相变和非相变之分，如结晶、溶解、蒸发等操作，物质的相态发生了变化，属于相变；粉碎、筛分等操作，只改变形态，没有相态的变化，属非相变。下面介绍有关相和相变的基本概念。

（1）系统和环境　在化学工程中，为了研究和计算的方便，人们常将要研究的部分从周围事物中划分出来，作为研究的对象。被划分出来的部分称为系统（也叫体系、物系、系），系统以外与系统有关的物质和空间称为环境（也叫外界）。系统可以是一个产品的整个流程，也可以是一个工序，一个设备。

（2）相和相数　系统内的物质，具有相同物理性质和相同化学性质的并且完全均匀的部分，称为相。在不同的相之间有明显的界面，可以用物理方法把它们分开。系统中相的数目称为相数。

确定混合物相的数目，主要看其组成是否均匀。组成均匀的是一相，称单相混合物；否则就是多相，称多相混合物。气体混合物不论由几种气体组成，一般都是均匀的，所以是一相。液体混合物中，如果几种液体是完全互溶的，就是一相，比如酒精的水溶液是一相；如果不是完全互溶的，就不是一相，比如水和油混在一起是两相。固体混合物，一般情况只是掺和，无论粉碎得多么细，其组成也不均匀，所以每种固体各自成为一相（只有某些个别情况，几种固体熔化混合，凝固时形成固体溶液，才是一相）。同一种固体以不同晶型存在时，每种晶型为一相。例如，石墨和金刚石共存时是两相。一种物质可以有多个相，水、冰和水蒸气就是水的三相。物质三个相平衡共存时的温度和压力称为三相点。水的三相点就是指水、冰、水蒸气平衡共存时的温度和压力。这个点的温度是 273.16K，压力是 0.611kPa，这个点已作为国际单位制温度定义的依据。

（3）相变和相平衡　物质从一个相转变到另一个相的过程称为相变过程。当外界条件变化时，才会发生相变。如水凝固成冰，冰融化成水；水汽化成水蒸气，水蒸气凝结成水，都是相变过程。

相变规律在化工生产中得到广泛应用。人们常常为了生产的需要，有意识地促使物质发生相变。例如，在硫黄制硫酸工艺中，只有当硫黄成为液态雾状，才能以较快的速率与氧反应生成二氧化硫，所以必须通过熔硫使硫黄由固相变为液相。在全循环法合成尿素工艺中，氨基甲酸铵脱水生成尿素的反应只有在液相方能进行，所以必须通过压缩等方法使氨基甲酸铵经常处于液相。许多气体混合物的分离，必须在液相的情况下进行。如石油化工中裂解气的分离，就是先通过深冷将裂解气变为液相，再用分馏的方法分离提纯，才能生产出高纯度的乙烯、丙烯等产品。

如果有两个以上的相共存，在较长时间内，从表面上看没有任何物质在各相之间传递时，可以认为这些相之间已达到平衡，称为相平衡。实际上，物质在各相之间的传递并没有中止，而是单位时间内互相传递的分子数大体相等，处于动态平衡。

相变和相平衡的规律有两种表达方法：一种是用数字公式表达；另一种是用几何图形来表达。表达相平衡体系中相态和它们所处条件之间关系的几何图形称为相图。

1.3.2　过程的平衡关系和过程速率

化学工程中所说的"过程"有其特定的含义：当系统发生变化时，发生变化的经过称为过程。化工生产中的每一种物理变化或化学变化，每一种单元操作或单元反应，都可称为过程。研究过程的规律，目的是使过程的进行有利于生产。平衡关系和过程速率就是其中两条重要规律。

（1）过程的平衡关系　过程的平衡关系是指任何过程都在变化着，都是在一定条件下由不平衡向平衡状态转化。平衡状态是变化的极限。下面讨论几个平衡状态的实例。

① 溶解和结晶的平衡。以食盐溶于水的过程为例。在一定温度下，往一定量的水中不断地投入食盐，食盐分子均匀地分散到水中，这就是溶解；与此同时，有些溶于水的食盐分子又回到食盐表面上，这就是结晶（或淀积）。开始时，食盐溶解的速度比结晶的速度大得多，随着食盐浓度的增加，溶解的速度渐小，结晶的速度渐大，直到溶解速度和结晶速度大体相等时，食盐溶液的浓度不再增加了，这时溶解过程就达到了平衡。从表面看，溶解和结晶都停止了，实际上这两个过程都没有中止，而是处于动态平衡。

在一定温度下，溶解和结晶过程处于动态平衡的溶液，称为饱和溶液。

② 蒸发与凝结的平衡。例如，将液体装在一个密闭容器中，保持一定的温度。分子离开液体表面逸向空间，成为蒸气，这就是蒸发；与此同时，逸向空间的分子又不断地返回液体表面，这就是凝结。起初，蒸发的速度比凝结的速度大，随着空间分子数的增加，返回液体的分子数随之增加，凝结的速度加快。在一定时间内，从液体表面逸出的分子数和从空间返回液体的分子数大体相等，也就是蒸发和凝结的速度相等，这时蒸发与凝结处于动态平衡。

蒸发和凝结处于动态平衡时，液体上面空间的蒸气达到了饱和，称为饱和蒸气。饱和蒸气的压力称为饱和蒸气压。

（2）过程速率　过程速率是单位时间内过程进行的变化量。如传热过程的速率，是单位时间内传递的热量；传质过程的速率，是单位时间内传递的质量。

任何过程速率都与过程的推动力成正比，与过程的阻力成反比。可用以下基本关系式表示：

$$过程速率 = \frac{过程的推动力}{过程的阻力}$$

过程的推动力的含义与力学的推动力不同。过程的推动力是指直接导致过程进行的动力。如流体流动过程的推动力是压力或位差，传热过程的推动力是冷热流体的温度差，吸收过程的推动力是浓度或分压差。过程的阻力因素很多，与过程的性质、操作条件都有关系。

提高过程速率的途径是加大过程的推动力和减少过程的阻力。研究如何加大过程推动力和减少阻力，是提高产品收率的关键问题。

1.3.3　物料计算和能量计算

化工生产贯穿着物料转换和能量转换。准确地掌握这两种转换的数量关系，就要进行物料衡算和能量衡算。化工设计必须进行物料衡算和能量衡算，它是设计的重要依据。而化工操作也应进行简单的物料衡算和能量衡算，一般称其为物料计算和能量计算，它是班组核算的重要内容。依此可以判定操作优劣，分析经济效益，提供工艺数据，为严密地控制生产运行打下基础。

（1）质量守恒，物料计算　　物料衡算的依据是质量守恒定律（也叫物质不灭定律）。即化学反应中，反应物的质量总和等于生成物的质量总和。这个定律用于化工生产过程，可表述为：任何一个生产过程，其原料消耗量应为产品量与物料损失量之和。即

输入的物料质量＝输出的物料质量＋损失物料的质量

这个公式是物料衡算（物料计算）的通式。

（2）能量守恒，能量计算　　能量衡算的依据是能量守恒与转换定律。其通俗地可表述为：能量不能创生和消灭，只能在各部分物质之间进行传递，或者从一种形式转换为另一种形式。在一个和外界没有能量交换的系统中，不论发生什么变化过程，能量的形式可以互相转换，但能量的总和恒保持不变。在一个和外界有能量交换的系统中，它的能量会有改变，但它增加（或减少）的能量一定等于外界减少（或增加）的能量。所以从整体上看，能量之和仍然不变。

这个定律用于化工生产过程，可表述为：一个稳定的生产过程，向系统输入的能量，等于从系统输出的能量与能量损失之和。即

输入的能量＝输出的能量＋能量损失

这个公式就是能量平衡方程式的通式。按照这一规律进行的计算称为能量衡算。

第2章　增塑剂概述

2.1　增塑剂的工业概况与定义

2.1.1　增塑剂的工业概况

增塑技术起源于原始人类的发明。如黏土加水制作陶器，水就是增塑剂。明胶加水制作软糖或甜点，水也是增塑剂。古代把油类溶于沥青中，用来防水和填补船缝，油即起到增塑剂的作用。现代增塑剂工业最直接渊源是表面涂料的开发。1856 年巴黎的 Marius Pellen 用火棉胶加蓖麻油制成一种不渗透氢气的用于橡胶气球的"特殊漆"；Alexander Parkes 用低氮硝化纤维素与棉籽油或蓖麻油制成硝基漆；著名的 Paris Berard 利用硝酸纤维素与亚麻籽油和清漆混合制成有高度光泽的防水涂料，以及硝酸纤维素加焦油做屋顶涂料等，其中的蓖麻油、亚麻籽油和其他物质既起到增加塑性和柔韧性的作用。中国古代的漆器是用多层桐油经干燥、镌刻而成的，实际上桐油是一种聚合物型增塑剂。

19 世纪 80 年代樟脑作为原始的增塑剂应用于硝酸纤维素中。20 世纪 30 年代美国固特里奇（Goodrich）公司，首先宣布使用邻苯二甲酸二丁酯（DBP）、磷酸三甲苯酯（TCP）塑化聚氯乙烯（PVC）后，进一步开拓了塑料应用的领域。到 1976 年国外的增塑剂总生产能力已达到 330 万吨。

在新中国成立之前我国化学工业十分薄弱，有机合成工业基本上是空白的，更谈不上增塑剂等助剂的生产，当时只使用一些天然的植物产品，例如，樟脑、樟脑油及蓖麻油作为增塑剂。

20 世纪 50 年代后期增塑剂工业在我国迅速发展，以邻苯二甲酸二丁酯、邻苯二甲酸二辛酯为主体的邻苯二甲酸酯增塑剂投入了工业化生产，从此我国增塑剂工业从无到有，产量、品种逐年增加，产品质量逐步提高。

60 年代国内对增塑剂品种方面的研究十分活跃，环氧酯、磷酸酯、脂肪酸酯以及石油酯增塑剂也投入了工业化生产。

70 年代随着原料醇的引入，二庚酯（DHP）、二异丁酯也相继投产，从而增加了邻苯二甲酸酯增塑剂的品种，聚酯增塑剂也投入了小批量的工业生产。

80 年代随着国内增塑剂市场需求变化及 PVC 塑料加入水平的提高，代用增塑剂、耐热、耐寒、无毒以及电绝缘性增塑剂品种发展迅速，并投入了工业化生产。

由于一般增塑剂在原料、价格及性能方面难以同邻苯二甲酸酯类相比，因此和国外的情况类似，我国的增塑剂也是以邻苯二甲酸酯为核心。它以其良好的相容性成为主增塑剂，其产量已占世界增塑剂总产量的 80% 左右。目前我国的增塑剂工业已发展成为一个以石油化工为基础，以邻苯二甲酸酯为核心的多品种的大化工行业。生产趋于大型化、集中化。

目前全世界增塑剂年生产能力 780 多万吨，年产量已达约 600 万吨，美国年总产量为 60 万吨。具体分布情况为北美占 17%，欧洲占 25%，日本占 11%，亚洲其他地区占 34%，世界其他地区占 13%。现在全球增塑剂市场基本成熟，年消费增长率在 3% 左右，亚洲地区增长率在 7%～8% 为最高，我国市场消耗增长率在 10% 以上。我国增塑剂市场消费结构大致为：革制品占 17.5%，泡沫制品占 9%，薄膜制品占 35%，鞋类占 18%，电线电缆占 7.5%，其他制品占 13%。至 2011 年底我国增塑剂生产能力已达到 400 万吨以上，位于全球首位，邻苯二甲酸二辛酯（DOP）占总产能的 84%，国内增塑剂生产总量约 220 万吨，全国增塑剂市场表观消费量在 200 万吨左右，DOP 占到 68%～70%。国内的增塑剂主要用于 PVC 生产。近年来，由于 PVC 制品和塑料软制品发展较快，因此带动了增塑剂市场的需求。2011 年，我国 PVC 产能为 2200 万吨，比 2010 年的产能增加了 19%，由于受经济危机的影响，主要是 PVC 出口量的下降，2011 年开工率仅达到 51%，随着国家保障性住房和农田水利工程建设等惠民政策的逐步实施，会对 PVC 管材、型材的需求量大幅增加，PVC 消费量的增长会带动增塑剂需求量的增长，由此会推动对增塑剂的需求。未来，我国 DOP 的市场会在稳定中发展。据有关资料显示，我国人均 PVC 消耗量不足发达国家的 1/3，差距和潜力很大。

增塑剂的品种繁多，接近 500 种，但成为商品生产的不过 100 余种，消费量大的有 30 多种，但是一些国家的品种发展，也随原料供应情况来决定。如日本的高碳醇以 2-乙基己醇为主，因此 DOP 的产量比重就高。而美国除 2-乙基己醇外尚有大量异辛醇供应，两者性能相近，于是 DOP 和 DIOP 邻苯二甲酸二异辛酯的产量基本接近，西欧则较多生产直链醇和准直链醇，因此，就较多开发以这两类醇为原料的增塑剂品种。

20 世纪 50 年代后期到 60 年代末，我国增塑剂生产工艺基本上都是酸性催化剂小型、间歇工艺。70 年代到 80 年代初，在技术上了有一些突破，出现了半连续和连续化装置。到 80 年代中期，非酸催化剂应用于工业装置。1984 年我国第一套 5000t/年非酸催化剂工业化装置在天津溶剂厂建成投产，带动了我国增塑剂行业的技术革命。但在生产技术水平（品种、质量、原料消耗、能源消耗及产能等）方面，尚处于比较落后的地位。直到 80 年代中后期，齐鲁石化公司、南京金陵石化公司从德国 BASF 公司引进两套年产 5 万吨邻苯二甲酸二辛酯连续化装置，为我国增塑剂生产装置大型化开辟了先河，也带动了国内增塑剂生产从小型化到大型化的发展。多年来经过对引进装置的吸收改进，我国增塑剂生产在装置能力、工艺水平和产品质量、能耗及物耗等方面都有了一个较大的提高。现在我国仅在江浙地区 10 万吨/年以上的装置就有十几套，最大的单套产能已达到 20 万吨/年，随着我国石油化工的发展，将为增塑剂提供更多更丰富的原料和广阔的市场，加之增塑剂行业的技术进步，我国的增塑剂工业将有很好的发展前景。

2.1.2　增塑剂的定义

增塑剂是一种加入到材料（通常是塑料、橡胶或弹性体）中以改进其的加工性能，如增加其可塑性、柔韧性或拉伸性的物质。加入增塑剂能降低熔体的黏度、玻璃化转变温度和产品的弹性模量，而不会改变被增塑材料的基本化学性质。

一些常用的热塑性高分子聚合物，具有高于室温的玻璃化转变温度（T_g），在此温度以下，聚合物处于玻璃样的脆性状态，在此温度以上，就呈现较大的回弹性、柔韧性和冲击强度。为使高分子聚合物具有实用价值，就必须使其玻璃化转变温度降到使用温度以下。增塑剂的加入就起到了这样的作用。

例如，在 160℃时，聚氯乙烯树脂（PVC）颗粒在塑料辊间就像沙粒一样川流不息，温度必须进一步升高，树脂才开始软化并包在辊子上，并形成一层韧性的薄片，但是，此时树脂因过热而分解，释放出 HCl 腐蚀设备，而薄片冷后失去实用价值。如果在聚氯乙烯树脂中，加入少量的如邻苯二甲酸二辛酯等增塑剂，在 160℃时再将树脂倒在辊上，它就软化并熔融成一均匀体系，在辊的周围形成薄片，冷却后该薄片变得柔软，而能制成各种有用的制品。为能使树脂提高塑性，增塑剂必须是一些对树脂有溶解作用的物质，它们绝大部分是高沸点的、较难挥发的液体或低熔点的固体酯类有机化合物。增塑剂与聚合物之间的作用，可简单地看作由以下两种方式进行。

① 树脂分子中偶极-偶极相互作用的抵消而减弱了树脂间的吸引力。

② 增塑剂通过简单的稀释作用，减少分子的距离（自由体积）而形成一定的空间。结果是增加了塑料片材的柔软性、增强了模塑制品的韧性和冲击强度，改善了涂料的流动性。

因此，增塑剂的作用主要是减弱树脂分子间的次价键（即范德华力），增加树脂分子链的移动性，从而增加树脂的可塑性，如硬度、模量、软化温度和脆化温度下降，伸长率、柔软性等提高。因此，增塑剂可以定义为：凡是能和树脂均匀混合，混合时不发生化学反应，经过塑料成型加工，又能保持不变，或虽起化学反应，但能长期保留在塑料制品中，并能改变树脂的某些物理性质。具有这些性能的液体有机化合物或低熔点的固体，均称作增塑剂。也可以简单定义为：添加在聚合体系中能够增加塑性的物质叫增塑剂。

增塑剂是一类应用广泛的加工助剂，主要应用于聚氯乙烯树脂（PVC）、占增塑剂耗量的 80%～85%，其余的主要应用于纤维树脂、醋酸乙烯树脂、ABS 树脂及橡胶中。

在 PVC 软制品诸多加工助剂中，增塑剂的用量是最大的，在 PVC 软制品中增塑剂的平均加入量达到 50%，即 100 份树脂平均填加 50 份增塑剂。因此，把增塑剂视为塑料加工助剂，不如把它作为主要原料更为确切。

2.1.3 增塑剂和石油化工

增塑剂中消费量最大的是邻苯二甲酸酯类，我国约占总消费量的 70%，日本占消费量的 61%左右，主要用于 PVC 树脂的生产，所以从这两方面来考察增塑剂工业和石油化工的关系。

邻苯二甲酸酯的主要原料邻苯二甲酸酐（俗称苯酐），在早期是由炼焦副产物萘为原料生产的，但因萘的产量有限，不能满足增塑剂等工业不断增长的需求，因此石油产品邻二甲苯就用作生产苯酐的化工原料，填补了萘原料不足的缺口。随着石油化工的发展，用邻二甲苯生产苯酐的技术不断成熟，产品质量明显优于用萘法生产的苯酐产品质量，到目前为止约有 85%的苯酐使用邻二甲苯生产的。增塑剂的另一种主要原料是高碳醇，其中以 2-乙基己醇用量最大。起初 2-乙基己醇是以电石乙炔或发酵酒精为起始原料制备，自从石油化工产品丙烯发展后，就以丙烯为其是起始原料 。其他高碳醇也绝大部分是石油化工的产物。因此可以说，现代增塑剂工业主要依赖于石油化工提供原料。20 世纪 60 年代以后增塑剂工业的快速发展，离不开我国石油化工在原料上的保证。

PVC 树脂在早期是以电石乙炔为原料生产，自石油化工大量生产乙烯后，因成本较低，逐渐成为 PVC 的主要原料，也正是由于我国乙烯工业的发展，才能有 PVC 树脂在三十多年来的大幅度增长。因此，增塑剂工业发展到现在，实际上已成为石油化工的一个衍生工业。

2.1.4 增塑剂的安全性和相关法律法规

塑料制品和人们的生活关系密切，大部分制品均是近身使用，有一些尚接触食品而可能从口中进入体内，因此对增塑剂的安全性引起了社会的广泛关注。为了避免增塑剂由各种途径进入人体而产生潜在危险，多年来许多国家政府和管理机构对增塑剂的安全使用都制定了严格规定。

早在 1997 年，丹麦管理机构发现从中国进口的各种玩具和长牙嚼器中含有超量的 DINP（邻苯二甲酸二异壬酯），由于邻苯二甲酸酯特别是 DINP 有可能对人体存在潜在危害，故立即采取了将这些商品从商场全部下架的处理。随后欧盟的其他一些国家（瑞典、奥地利、德国、法国、意大利等）也参与并发布各种方案控制和限制了邻苯二甲酸酯在儿童玩具中的添加量。

2003 年以来，欧盟相继发布关于《电器电子设备中限制使用某些有害物质》（RoHS）和《关于报废电子电气设备》（WEEE）的指令，都是考虑到塑料制品添加剂对环境的影响和对人体的危害。

2005 年 12 月 14 日欧盟会议和理事会通过了 2005/84/EC 指令，要求所有玩具及育儿物品中 DEHP、DBP 及 BBP 的质量分数不得超过 0.1%。2007 年 1 月起，欧盟已禁止在儿童玩具和儿童用品中使用 DBP、DEHP、BBP 和限制使用 DINP、DIDP、DNOP。同时许多西方国家和地区也相继出台规定，禁止或限量某些增塑剂在儿童玩具、医疗器具、食品包装等领域的应用。

2008 年 8 月 14 日美国通过了《美国消费品安全加强法》（CPSIA）和美国玩具安全标准 AST-MF963 加强法规定，该规定已成为美国强制性玩具安全标准，该标准中规定奶嘴、摇铃、咬圈中不能含有 DEHP。

日本《食品卫生法 JFSL》和《儿童玩具标准 ST2002》规定，玩具不得使用以 DEHP、DBP 或 BBP 为原料的 PVC 树脂。以 DINP、DIDP 或 DNOP 为原料的 PVC 树脂不得用于与嘴接触的玩具以及 3 岁以下儿童玩具、安抚奶嘴和婴儿磨牙圈中。

我国根据《中华人民共和国食品卫生法》新发布了 GB 9685—2008《食品容器、包装材料用助剂使用卫生标准》，标准中将塑料包装材料用添加剂从 2003 版标准的 38 种增加到 959 种。新标准参考了美国联邦法典（Codeof Federal Regulation）和欧盟 2002/72/EC 食品接触材料指令等相关规定，与逐步与国际相关标准接轨。某些邻苯二甲酸酯在儿童玩具、医疗器械、食品包装等领域的应用遇到了严重的挑战，研发安全可靠的、无毒、对环境友好的增塑剂已经迫在眉睫。

2.2　增塑剂的分类与应用

2.2.1　增塑剂的分类方法

增塑剂常用的分类方法有以下几种。

2.2.1.1　按增塑剂的相容性分类

按照增塑剂和树脂（主要指 PVC）相容性的不同，可分为主增塑剂和辅助增塑剂两类，但两者并无严格的界限。

凡和树脂高度相容的增塑剂（增塑剂与树脂的质量比达到 1∶1 时仍能相容）称为主增塑剂，或称为溶剂型增塑剂，例如，邻苯二甲酸二辛酯、邻苯二甲酸二丁酯等，它的分子不仅能够进入树脂分子链的无定型区，也能插入分子链的结晶区，因此它不会渗出而形成液滴或液膜，也不会喷霜而形成表面结晶，这样就可以单独应用。如果相溶性较差，即增塑剂分子只能进入分子的定型区，而不能插入结晶区，单独应用这些增塑剂就会使加工制品渗出或喷霜，所以只能和主增塑剂混合使用，这些增塑剂称为辅助增塑剂或非溶剂型增塑剂，如癸二酸二辛酯、环氧大豆油等。另有一些价格低廉的辅助增塑剂如氯化石蜡等被称为增量剂。

2.2.1.2 按增塑剂的分子结构分类

以增塑剂的分子结构来分类，可分成单体型和聚合型两类，增塑剂的绝大部分是单体型，如邻苯二甲酸酯类增塑剂有固定的相对分子质量，是最典型的单体型增塑剂。有一些增塑剂如环氧大豆油，相对分子质量不固定，相对分子质量不固定是因组分含量不等而形成。组成的每一单体并无分子内的聚合，所以也是属于单体型增塑剂。只有像聚酯增塑剂和聚氨酯等聚合物是通过聚合反应获得相对分子质量较高的一些聚合物称作聚合型增塑剂。聚合型增塑剂具有较好的耐热性、耐挥发性和耐迁移性，但增塑效率较差。

2.2.1.3 按增塑剂的功能分类

按增塑剂的功能分类可分为通用型和特殊型增塑剂两类，增塑剂的应用目的是由其工作特性来决定的。有些增塑剂如邻苯二甲酸酯类增塑剂具有广泛的适用性，但无特殊功能，这些增塑剂就称为通用型增塑剂。除增塑作用外尚有其他功能的增塑剂称为特殊型增塑剂。如脂肪族二元酸酯具有良好的低温柔曲性能称为耐寒性增塑剂。磷酸酯具有良好的阻燃性能称为阻燃性增塑剂。环氧大豆油类有优良的耐候性，聚酯类增塑剂具有良好的耐迁移性，其他尚有耐热性增塑剂，稳定性增塑剂，耐久性增塑剂以及无毒、防雾、防霉、耐污染等各种专用型增塑剂。另外有些增塑剂即是通用型增塑剂又有特定的应用功能，如偏苯三酸三辛酯因具有良好的相容性和耐热性及优良的电性能，适用于 105℃ 电缆粒子和其他耐热制品用作主增塑剂，因此它即可作为通用增塑剂又可用作特殊型增塑剂。

2.2.1.4 按化学结构分类

这是最常用的分类方法，按照这种分类方法可以分成以下十几种类型增塑剂。

(1) 邻苯二甲酸酯 邻苯二甲酸酯类增塑剂不论是品种数量、产品产量都占增塑剂第一位。而且产品性能比较全面，也是目前应用最为广泛的增塑剂。一般均作为主增塑剂使用。因其具有色度低、毒性低、电性能好、挥发性小、气味小等优点，因此被列为通用性增塑剂。而邻苯二甲酸二辛酯又是该类产品中最大的一个品种，所以在增塑剂产品中二辛酯（DOP）是最大的一个品种。在增塑剂产品的标准制定和其他产品的性能评价通常是以 DOP为基准，因此它是增塑剂中最有代表性的一个品种。其他的主要品种还有二丁酯（DBP）、二异丁酯（DIBP）及二异癸酯（DIDP）等。

(2) 脂肪族二元酸酯 该类增塑剂具有优良的低温性能，大多作为耐寒性增塑剂使用。由于相容性较差，一般均作为辅助增塑剂。主要品种有己二酸二辛酯（DOA）、癸二酸二辛酯（DOS），此外还有起内增塑作用的顺酸（顺丁烯二酸）酯及反酸（反丁烯二酸）酯等。

(3) 磷酸酯 该类增塑剂具有优良的阻燃性和良好的相容性，大多用于阻燃剂。但大多都具有较强的毒性，限制了使用。主要品种有磷酸三甲苯酯（TCP）、磷酸三苯酯（TPP）、磷酸苯酚酯含氯磷酸酯及无毒的亚磷酸二苯一辛酯（OPP）等。

(4) 环氧酯 该类增塑剂具有良好的热稳定性，耐寒性及耐光性，但相容性差。主要用于耐热、耐光的 PVC 制品中做辅助增塑剂。主要品种有环氧大豆油（ESO），环氧脂肪酸辛酯（ED_3）、环氧乙酰蓖麻油酸甲酯（EMAR）及性能全面的环氧四氢邻苯二甲酸辛酯（EPS）。其中环氧大豆油、ED_3 及 EPS 因无毒而广泛应用于医药、食品包装方面。

(5) 聚酯 该类增塑剂具有良好的耐老化性，但相容性差。适用于高温和耐老化制品做辅助增塑剂。主要品种有癸二酸丙二醇聚酯及己二酸丙二醇聚酯。

(6) 烷基磺酸苯酯（M-50、T-50） 该类增塑剂具有良好的电性能及力学性能、挥发性低、耐候性好及较好的相容性，但耐寒性差。可作为邻苯二甲酸酯的部分代用品（10～30 份）。

（7）含氯增塑剂　该类增塑剂挥发性低，不燃、无臭无毒。可取代部分邻苯二甲酸酯（20 份左右），作为辅助增塑剂。主要品种有氯化石蜡和氯烃-50。

（8）多元醇酯　该类增塑剂具有较好的低温性能，但一般挥发性大、色度深。可代用部分邻苯二甲酸酯及耐寒的脂肪族二元酸酯做辅助增塑剂。用量一般为 5～10 份。主要品种有 59 酸一缩二乙二醇（1259）酯，79 酸一缩二乙二醇（1279）及 79 酸二缩三乙二醇（2379）酯。

（9）苯多酸酯　该类增塑剂具有良好的耐热性、相容性。适用于做 105℃电缆粒子和其他耐热制品的主增塑剂，主要品种有偏苯三酸三辛酯（TOTM）。

（10）其他增塑剂　该类增塑剂性能不一。主要有无毒、耐菌的柠檬酸三辛酯及电性能、低温性能、耐挥发性良好的对苯二甲酸二辛酯。

2.2.2　理想增塑剂和工业标准增塑剂

2.2.2.1　理想增塑剂

增塑剂的性能对它的应用起着重要的作用，由于增塑剂主要应用于 PVC 塑料加工中，全面了解 PVC 塑料制品对增塑剂的性能要求是十分必要的，也就是 PVC 塑料制品的理想增塑剂应具备如下的条件。

（1）和树脂有良好的相容性　相容性是增塑剂在树脂分子间处于稳定状态下相互掺混的性质，即树脂能吸收增塑剂的量，经加工塑化后，这些增塑剂不再渗出。通常以 100g 树脂为标准，所吸收增塑剂的量为 150mL，而没有渗出现象，即该增塑剂与树脂的相容性优良。如果相容性不好，树脂吸收增塑剂的量达不到 1.5∶1，随着时间的推移，有的就要产生相互分离，出现渗出、泻化、发汗等现象，则该增塑剂的相容性就差，所以相容性是一个增塑剂的最基本的条件。增塑剂和树脂间的相容性是否良好，一般可根据树脂和增塑剂的溶解度参数数值是否相近来判断，溶解度参数近似的相容性就好。另外增塑剂的介电常数和相对分子质量也和相容性有关。

（2）较低的挥发性　挥发性是指制品加工过程中，增塑剂的加热损失。它的挥发性与增塑剂制品内部、表面扩散的速度及制品表面增塑剂有效蒸气压有关。增塑剂比一般溶剂的蒸气压小得多，但在加热成型时或在增塑剂制品存放过程中，制品表面也会挥发而散失微量的增塑剂，这样就会使制品的性能下降。所以若采用挥发性大的增塑剂，在配方时应估计到它的加热损失，如果代替挥发性小的等量配入，结果会使制品柔软性下降。因此，在汽车的内饰塑料制品、电线、电缆等对挥发性就有更高的要求。

（3）低迁移性和低渗出性　迁移性是指增塑剂从制品中到与其接触的物质中去（即向制品接触层扩散）或内部扩散。塑料制品内的增塑剂不应向所接触的其他固体介质扩散。如增塑剂产生迁移时，制品即要引起软化、发黏，甚至表面龟裂。渗出性是指增塑剂对树脂相容性超过一定比例，向外渗透。这两种性能是实际应用时的一个重要问题。尤其对具有着色剂的制品影响很坏。

（4）耐化学萃取性（抽出性）　增塑剂从制品中被其他介质抽出的现象叫做化学萃取性，又叫抽出性。如增塑剂抗油及有机溶剂萃取，是由于溶剂萃取少，同时它对树脂的溶剂能力大而造成的。耐水、油、有机溶剂的抽出，这是使塑料制品具有耐久性的主要条件。

增塑剂挥发性低、不迁移、不渗出及不抽出都会延长制品的寿命。

（5）良好的电绝缘性　不添加增塑剂的 PVC 硬制品，它的电绝缘性（体积电阻）为 $1 \times 10^{16} \Omega \cdot cm$，当增塑剂加入时电绝缘性即下降。所以 PVC 制品的电绝缘性很大程度取决于增塑剂的品种、性质和用量。高级性增塑剂电绝缘性好，这是因为高级性增塑剂可使聚合物主链固定在极化的位置上。

（6）耐热耐光的稳定性　在加热和光照的情况下，增塑剂能阻止 PVC 树脂初步分解所产生的氯化氢，不使分解扩大的能力称作耐热、耐光的稳定性。增塑剂除了在加工条件下不应产生热分解外，其塑料制品在较高温度下使用也应稳定，此外，对光和氧也应具备良好的稳定性。热损耗大的增塑剂耐热性差，易使制品变硬。

（7）防霉性好　由于增塑剂的存在而致使制品受微生物的细菌侵蚀发霉。防霉性差的增塑剂容易造成制品因发霉而变质，降低了制品的寿命。因此耐霉菌性好，可以避免由于微生物的侵害而造成老化。

（8）阻燃性好　制品因增塑剂的添入，而产生阻止、抑制燃烧的性能称作阻燃性。用于建筑材料及电器材料的制品，需添加阻燃性增塑剂，以保证应用中的安全性。

（9）无毒性　用于食品、医药包装、医疗器械及儿童玩具的制品需添加无毒增塑剂。

（10）耐寒性要好　增塑剂的添入，使制品在低温情况下，仍保持良好的柔软性及机械强度称作耐寒性。低温使用的膜、革及其制品均需要加入耐寒增塑剂。使制品在低温下仍有良好的柔软性。这对在较低气温地区使用的塑料制品、农用薄膜和在露天使用的制品非常重要。

（11）柔软性好　PVC 树脂添加增塑剂，主要还是使制品柔软，易于加工成型。制品柔软性与添加增塑剂的品种与数量有关，通常以 DOP 为基准而以 100% 模数来表示。在邻苯二甲酸酯中以 DBP 增塑效率最好。一般采用增塑效率值来表示它们的柔软程度。是一个比较值，相对分子质量增大，效率就逐渐下降。如聚酯增塑剂、磷酸酯类都属于塑化效率较差的品种。

（12）价格低廉　这是一个关键性的要求，如果一个性能非常良好的增塑剂，若市场价格太高，也不会被采用。

当然，想要全部符合上述条件的理想增塑剂是没有的。使用者只能根据自己制品的质量需求，结合增塑剂产品的性能和市场的价格、需求量等综合选择合适的增塑剂单独或掺混使用。

2.2.2.2　工业标准增塑剂

对每一个增塑剂在使用前应在质量、性能、应用范围、资源供应、价格及用量和增塑效果等方面进行综合评价，通常是与应用范围最广，生产量最大，综合性能好，价格又较便宜的通用型主增塑剂——邻苯二甲酸 2-乙基己酯（DOP）进行比较，而各种增塑剂产品质量标准（包括一些产品国家标准）的制定，也是以 DOP 的质量标准为依据进行制定的，因此多年来 DOP 已成为工业标准增塑剂。

2.2.3　增塑剂的选用

要选择一个综合性能良好的增塑剂（有时是两个或两个以上增塑剂按一定比例所形成的综合性能），就是要使塑料制品表现为弹性模量、玻璃化温度、脆化温度的下降，以及伸长率、挠曲性和柔软性能提高。此外尚要考虑气味小，光、氧稳定性良好，塑化效率高，加工性好及成本低等因素。因此选择增塑剂必须要全面了解增塑剂的性能和市场情况，以及制品的性能要求进行选择。如在建筑和运输设备中所用的 PVC 软制品，就要求除有良好的相容性外，还要有阻燃作用和一定的耐久性。于是除主增塑剂外还要添加磷酸酯或氯化石蜡。如要求在低温仍有良好的柔软性就要选用耐寒性良好的增塑剂。又如汽车内部的装饰板、缓冲垫等要求防止生雾，那么要采用挥发性极低的不产生雾的增塑剂，如邻苯二甲酸二异癸酯、偏苯三酸酯、聚酯增塑剂等。若 PVC 塑料要用于作为食品包装材料、冰箱的密封垫、人造革制品等，就要选用无毒、耐久性的聚酯增塑剂、环氧大豆油等增塑剂。

另外，增塑剂的价格因素常常是选择时的关键性条件，所以价格和性能之间的综合性能评价就显得十分重要。总之，为了控制塑料制品的最终优良性能，也包括社会上能接受的价格水平，对树脂和增塑剂之间的最佳结合是塑料加工工业的一个重要课题。

(1) 通用型增塑剂与特殊型增塑剂　现在的增塑剂工业即善于创造新的、有特殊性能的增塑剂。更善于利用某一增塑剂的特长。例如，为适应房屋建筑、运输设备的防火要求，开发研究的磷酸酯增塑剂和某些氯化的、溴化的脂肪族化合物，因此阻燃增塑剂得到快速发展。许多聚合物将需要逐步改性，以获得更理想的性质。

橡胶、树脂和涂料通常是利用脂肪族羧酸酯、磷酸三烷基酯、环氧油酸酯和环氧妥尔油酸酯获得优良的低温柔曲性。特殊情况下更利用直链的磷酸烷基二芳基酯来增强这种作用。

汽车、家具覆盖物要求性能更高的增塑剂，粉末涂料技术在今天的社会上，有尽人皆知的生态学问题，要求使用的增塑剂需要有更好的耐久性，因此要开发不挥发、不迁移、不抽出或毒性小的高分子量改性剂。

聚氯乙烯地板被覆材料使用的增塑剂，既要使材料在安装时具有适当的挠曲性，又要有抗污染性。工业上抗污染标准的邻苯二甲酸丁卞酯（BBP）和苯二甲酸 2,2,4-三甲基-1,3-戊二醇-异丁酸酯基本能满足上述要求。

(2) 外增塑剂与内增塑剂　内增塑剂是通过化学方法改变化学结构从而达到增塑作用。其特点是链结构不规则，内聚力较弱。内增塑剂使用的温度比较窄，而且必须在聚合过程中加入，因此仅用作可挠曲的塑料制品中。氯乙烯和硬脂酸乙烯的共聚、纤维素的硝化或乙酰化属于内增塑。因此为获得某些性质可对起始的聚合物进行化学改性，或利用化学方法合成具有柔软性或优良的低温性能的有关聚合物。这种为使聚合物呈现某种的理想性质叫内增塑剂。

外增塑剂是在聚合物链间插入增塑剂分子以达到增塑作用，外增塑剂通常是高沸点、较难挥发的有机液体。它的性能比较全面，而且绝大部分与聚合物不起反应。因此外增塑剂是一种加入到聚合物中的外在物质，外增塑剂可使配方和性质有很大的灵活性、操作方便，应用范围广。缺点是聚合物内的增塑剂易迁移或挥发。一般地说外增塑剂比内增塑剂能产生较好的性能，但耐久性较内增塑产品要差。

2.3　我国的增塑剂工业

我国的增塑剂工业始于 20 世纪 50 年代初期，发展至今已有 60 多年的历史，经过几十年的发展，现在全国的增塑剂产能已达到 400 多万吨/年，产量已达到 220 万吨/年以上，常用的增塑剂品种达到 20 多种，一些通用型增塑剂基本上可以满足国内的需求。增塑剂是现代塑料工业最大的助剂品种，增塑剂的发展，对促进塑料工业特别是聚氯乙烯工业的发展起着决定性的作用。目前，各种新型塑料已渗透到工农业、运输、交通、医药、建筑、国防等各个领域。现在我国已成为世界上增塑剂生产和使用量最大的国家之一。随着 PVC 工业和石油化工工业的发展，现在的增塑剂已发展为一个以石油化工为基础，以邻苯二甲酸酯为核心的多品种，大生产的化工行业。

2.3.1 生产方法和现状

增塑剂的品种虽多，但绝大部分是酯类，生产工艺基本相同，其共同的示意流程如图 2-1 所示。

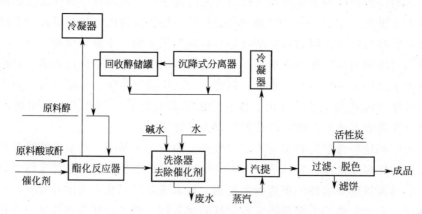

图 2-1 增塑剂生产工艺示意流程图

因此一套装置可以生产许多品种。目前是用量较大的邻苯二甲酸酯，一般均采用大规模、连续化生产工艺或间歇式大型生产工艺。例如，我国的齐鲁增塑剂有限公司和南京金陵石化两套 5 万吨/年连续化装置，全部是从德国 BASF 公司引进。现在通过吸收和消化引进技术已分别改造成 10 万吨/年和 20 万吨/年装置。现在仅江浙地区 10 万吨/年以上的连续化装置就有宁波爱敬化工有限公司、东来化工有限公司、浙江庆安化工有限公司、昆山合峰化学品有限公司、东莞兴宝化工有限公司、上海联成化学工业有限公司、宁波联泰化工有限公司等十几套装置，华北地区有天津碱厂 10 万吨/年 DOP 装置及天津市金源泰化工有限公司正在建设的 10 万吨/年 DOP 装置。另外，北京华颖化工有限公司、石家庄白龙化工有限公司、山东宏信化工有限公司、河南庆安化工有限公司等国产化较大装置均为大型间歇式生产工艺，产能在 5 万～10 万吨/年之间，而国内间歇式工艺装置单套能力已达到 5 万吨/年，反应釜容积为 100m³。

大规模、连续化生产装置的优点是产品质量稳定，自动化程度高，单位产品原材料消耗低、能耗低、产品成本低。间歇法装置具有较大的灵活性，一套通用装置可以生产几个或几十个品种。例如，美国 Reichhold 化学公司做一套增塑剂装置，被称作"万能"装置，可以处理 60 种以上的原料，具有单独配管的贮罐 13 个，成品贮罐 24 个，酯化釜容积 18m³，生产能力 1.3 万～1.6 万吨/年。配备相适应的中和器、静置分层器、洗涤器、过滤器和汽提塔等设备。据报道，这套装置可以生产 95% 做常用增塑剂品种，是生产多品种增塑剂的实用装置。每年可生产百吨和千吨级的增塑剂 10～40 个品种。

2.3.2 我国的增塑剂品种及发展前景

2.3.2.1 品种情况

（1）邻苯二甲酸酯 年生产能力已达到 400 万吨以上，常用品种 10 多个，以 DOP 和 DBP、DIBP 为主。DOP 的产量居多，DBP 和 DIBP 的产量根据各地区市场的需求和原料醇的价格呈变化状，有时 DBP 产量多，有时 DIBP 产量多一点。生产方法有间歇法和连续法工艺，一般单套 10 万吨以上装置以连续法为主（连续型装置主要是 DOP 生产装置），并且连续化生产还在逐步发展，催化剂以非酸性催化剂为主，产品质量能够达到国际上的通用水平。

（2）脂肪族二元酸酯 年生产能力 4 万～5 万吨。品种以癸二酸酯和己二酸酯为主。我国蓖麻油资源丰富，癸二酸酯的最高年产量曾达 10000t。近年来，用己二酸副产，开发了戊二酸酯和尼龙酸酯，这对降低耐寒增塑剂的成本将起到一定作用。

（3）环氧增塑剂 年生产能力约 20 万吨，由于我国油资料资源丰富，以各种天然油为原料的环氧增塑剂品种有 10 多个，其中主要是品种为环氧化大豆油。这个产品近几年发展过快，但市场要求明显过剩，因此，开工率不足，生产量约在 30%。

（4）磷酸酯 年生产能力约 5000t，品种以磷酸三苯酯、三甲酚酯、三辛酯和二苯一辛酯为主。由于价格较高，市场需求量不大，期待在应用方面的开发。

（5）氯化石蜡 年生产能力起过 40000t，超过 40000t，品种有含氯量 40%、50% 和 70% 等数种。产品除国内应用外，每年均有一定数量出口国外。

（6）烷基苯磺酸苯酯 年生产能力约 30000t，最高年产量为 20000t 左右。

（7）其他增塑剂 包括多元醇的 $C_7 \sim C_9$ 和 $C_5 \sim C_9$ 脂肪酸酯、聚酯增塑剂，甘油脂肪酸酯、苯甲酸酯等均已生产供应，但品种少、产量低，有待进一步开发。

2.3.2.2 发展前景

我国的增塑剂工业起步较晚，但随着我国的塑料工业和石油化工业的发展，近年来，增长的幅度较大。目前国内已有增塑剂产能 400 多万吨，产量达到 220 万吨以上，其中邻苯二甲酸酯类增塑剂约占 70%，其余为其他类型的增塑剂。但是我国的增塑剂工业和国外先进水平相比存在着两点不足：一是生产分散，规模小，尽管在近几年国内增塑剂生产能力有较大幅度的增长，规模也逐渐增大，但与发达国家相比，还有一定差距；二是品种太少，主要表现在特殊性能增塑剂品种少。而上述问题均受我国石油化工业的发展，以及为增塑剂生产提供的原料种类有直接关系。随着我国石油工业的不断进步，上述问题均可以得到解决。前景非常光明。

（1）通用型增塑剂邻苯二甲酸酯朝大型连续化发展 在苯酐和辛醇生产基地，建设数十万吨级大型连续化生产装置，采用非酸催化剂，产品质量得以提高，单位产品原材料消耗、能耗和成本均可下降，经济利益是比较明显的。

（2）充分利用国内资源，开发廉价高效的新型增塑剂 我国除石油资源丰富外，煤炭和农产品资源也非常丰富。石油化工和煤化工除生产合成材料外，尚有大量的副产品。有些废品也可以应用于增塑剂工业生产作为原料，例如用废涤纶生产 DITP 或用地沟油生产环氧酯类增塑剂等，既实现了废物利用又减少了污染物排放，这些正是我国发展增塑剂工业的坚实基础，但是目前有些工艺还尚不成熟，还需要做许多的工作。

（3）压缩邻苯二甲酸酐（简称苯酐）的消耗量 较长一段时间内国内邻二甲苯（O-X）供应不足是导致苯酐生产量不能满足国内增塑剂生产需要的根本原因，现在每年需要进口相当数量的 O-X 或苯酐才能使供需平衡。

（4）减少 DBP 产量增加 DOP 产量 在我国目前 DBP 为 DOP 的 10%，而日本只有 6.8%，从而降低苯酐用量对塑料制品的性能改善也将起到很大作用（每生产 1 万吨 DBP 比生产 DOP 多耗 1700t 苯酐）。

多生产邻苯二甲酸酯的替代品种，以改变目前以苯酐为原料生产增塑剂比重过高的局面。

　　增塑剂下游产品，应在提高塑料制品的性能基础上改变增塑剂的应用配方，把邻苯二甲酸酯用量降下来，尽可能以其他增塑剂替代或混用。

思 考 题

1. 什么叫增塑剂？
2. 简述我国增塑剂的发展情况。
3. 增塑剂有哪些分类方法？常用的分类方法是什么？
4. 增塑剂有哪些种类？
5. 增塑剂质量对制品质量有何影响？
6. 二丁酯、二辛酯属于什么类型的增塑剂？

第 3 章　邻苯二甲酸酯类增塑剂

3.1　产品的种类性能和用途

3.1.1　产品种类

邻苯二甲酸酯类增塑剂无论是产量还是数量品种都占据增塑剂第一位，目前国外工业化的品种有 30 余个，国内工业化的品种有 20 余种，常用的邻苯二甲酸酯品种一览表见表 3-1。

表 3-1　邻苯二甲酸酯类增塑剂品种一览表

序号	名　称	英文简称	序号	名　称	英文简称
1	邻苯二甲酸二甲酯	DMP	11	邻苯二甲酸二仲辛酯	DCP
2	邻苯二甲酸二乙酯	DEP	12	邻苯二甲酸二壬酯	DNP
3	邻苯二甲酸二烯丙酯	DAP	13	邻苯二甲酸二异壬酯	DINP
4	邻苯二甲酸二丁酯	DBP	14	邻苯二甲酸二异癸酯	DIDP
5	邻苯二甲酸二异丁酯	DIBP	15	邻苯二甲酸直链醇610酯	DNODP-610
6	邻苯二甲酸二异戊酯	DIAP	16	邻苯二甲酸直链醇810酯	DNODP-810
7	邻苯二甲酸二环己酯	DCHP	17	混合醇7-9碳醇酯	
8	邻苯二甲酸二庚酯	DHP	18	邻苯二甲酸丁苄酯	BBP
9	邻苯二甲酸二辛酯	DOP	19	邻苯二甲酸丁辛酯	BOP
10	邻苯二甲酸二异辛酯	DIOP	20	丁基钛酰甘醇酸丁酯	BPBG

以上为用量较大的工业化品种，有一些不常用品种在表中未列出来。值得指出的是 DOP 并不是正构醇酯，但由于该原料醇主要成分结构单一及 DOP 产量的特殊地位，为了识别主要成分结构不一的异辛醇混合物生成的 DIOP，所以 DOP 称为二辛酯，不称为二异辛酯，学名为邻苯二甲酸 2-乙基己酯，简称二辛酯。

二辛酯是该类产品中最大的一个品种，是增塑剂的主体产品。因此其他产品的性能评价及国家标准的制定，通常以 DOP 为标准。其他品种中较大的品种是直链醇酯、DBP、DHP、DIOP、DIDP。国外此类酯的排名顺序为（依次减少）：

日本 DOP、DHP、DBP、DIDP；

美国 DOP、直链醇酯、DIDP。

我国该类增塑剂主要以 DOP、DBP 和 DIBP 为主，由于受到原料醇来源的限制，DHP、DIDP、DIOP 等性能优良的品种，近些年虽有发展但产量发展还是比较慢，除去原料的原因之外，还有市场、产品性能和价格因素等多方面的原因。

3.1.2　主要产品的性能及用途

3.1.2.1　主要产品的物化常数

（1）二辛酯

产品名称：邻苯二甲酸二辛酯；

学名：邻苯二甲酸-2-乙基己酯；

俗称：绝缘级二辛酯；

英文简称：DOP；

分子式：$C_{24}H_{38}O_4$；

结构式：

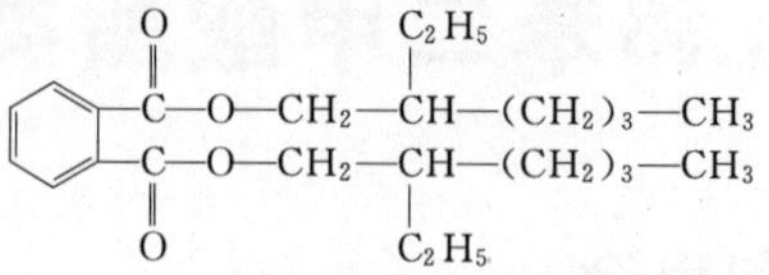

相对分子质量：390.62。

产品的理化性质如下。

外观：无色或微黄色非水溶性的油状液体，能与乙醇、丙酮等有机溶剂相混溶，不溶于水；

沸点：370℃（$1.0325 \times 10^5 Pa$，760mmHg）；

折射率：1.4859（20℃）；

闪点：218.33℃（开杯）；

黏度：$81.4 \times 10^{-3} Pa \cdot s$（20℃）；

相对密度：0.9861（20℃）；

燃点：241℃；

冰点：−55℃；

熔点：−16℃；

流动点：−41℃；

体积电阻：$1 \times 10^{11} \Omega \cdot cm$；

比热容：（50~150℃）平均为 2.39J/g；

蒸发热：98.808kJ/mol；

溶解度：在水中小于 0.1%（20℃）；

挥发热：（150℃）20mg/（$cm^2 \cdot h$）。

(2)二丁酯

学名：邻苯二甲酸二正丁酯；

俗称：二丁酯；

英文名称：Di-n-butyl phthalate(DBP)；

分子式：$C_{16}H_{22}O_4$；

结构式：

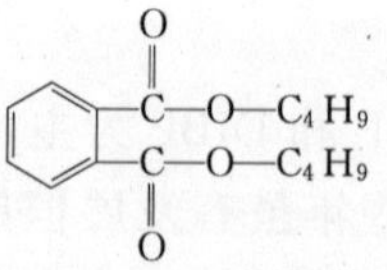

相对分子质量：278.35。

产品理化性质如下。

外观：无色或微黄色非水溶性透明油状液体，有轻微的水果气味；

相对密度：1.047~1.051（20/20℃）；

沸点：340℃（101.32kPa，760mmHg）；

　　　206℃（2.67kPa，20mmHg）；

　　　182℃（0.67kPa，5mmHg）；

熔点：-35℃；

折射率：1.4921（20℃）；

闪点：177℃（开杯）；

燃点：202℃；

黏度：15.3×10^{-3} Pa·s（25℃）；

　　　　20.3×10^3 Pa·s（20℃）；

自燃点：402.78℃；

水中溶解度：0.09%（沸水）；

　　　　　　0.01%（20℃）；

溶解性：溶于大多数有机溶剂和烃类；

挥发率：（100℃）0.221mg/（cm³·h）；

水含量：<0.1%；

冰点：-35℃

膨胀系数：0.00076/℃；

沸水中稳定性：（96h 水解%）0.6483；

汽化热：（kJ/mol）（180℃）101.20；（200℃）98.81；（25℃）92.32；

液体热熔：[kJ/（mol·℃）]

温度/℃	20	180	200	250
液体热熔	0.4480	0.5527	0.5652	0.5987

液体热导率：[$\times 10^{-2}$ kcal/（m·s℃）]（20℃）27.3；

　　　　　　（100℃）24.7；（450K）107.1、（500K）115.7；

气体热导率：[$\times 10^{-2}$ kJ/（m·s）]（450）448.41（500）15.95。

（3）二异丁酯

学名：邻苯二甲酸异丁酯；

别名：二异丁酯；

英文名称：Diisobutyl Phthalate（DIBP）；

分子式：$C_{16}H_{22}O_4$；

结构式：

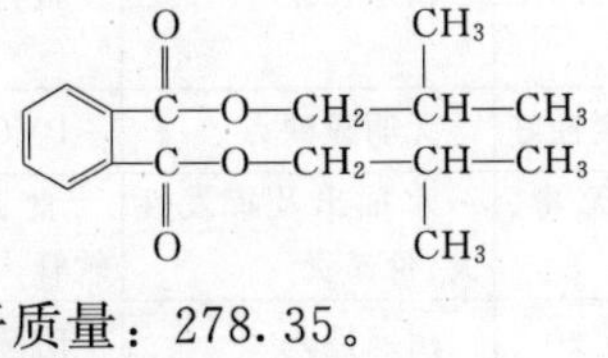

相对分子质量：278.35。

产品的理化性质如下。

外观：无色或微黄色非水溶性、透明油状液体；

密度：1.038~1.042（20℃）；

沸点：327℃（1.0325×10^5 Pa，760mmHg）；

凝固点：-50℃；

折射率：1.4900（25℃）；

闪点：177℃（开杯）；

着火点：182℃；

黏度：$36.4 \times 10^{-3} Pa \cdot s$（25℃），$24.3 \times 10^{-3} Pa \cdot s$（100℃）；

水中溶解度：0.05g/L（25℃）；

沸水稳定性：0.022（96h 水解%）。

3.1.2.2　邻苯二甲酸酯主要产品的性能比较及应用

邻苯二甲酸酯类产品的性能比较见表 3-2，配合增塑剂的各种特性见表 3-3，与 PVC 在同种条件下配合性比较见表 3-4。

表 3-2　邻苯二甲酸酯类产品的性能比较及应用

产品名称	英文简称	相对分子质量	化学式	优点	缺点	用途
二甲酯	DMP	194.2	$C_{10}H_{10}O_4$	相容性良好	挥发性大	醋酸及醋酸丁酯纤维素
二乙酯	DEP	222.2	$C_{12}H_{14}O_4$	相容性良好	挥发性大	同上
二丁酯	DBP	278.4	$C_{16}H_{22}O_4$	相容性良好、塑化效率高	挥发性大	通用增塑剂、涂料、橡胶、树脂
二异丁酯	DIBP	278.4	$C_{16}H_{22}O_4$	相容性良好	挥发性大	部分制品代用 DBP
二庚酯	DHP	362.5	$C_{22}H_{34}O_4$	加工性好,价廉	挥发性较大	除医用、食用、电缆外代用 DOP
二辛酯	DOP	390.5	$C_{24}H_{38}O_4$	综合性能好，低毒	单独使用耐寒性略差	通用增塑剂
二异辛酯	DIOP	390.5	$C_{24}H_{38}O_4$	电绝缘性好、耐油性好	低温相容性比 DOP 较差	代用 DOP
二正辛酯	DNOP	390.5	$C_{24}H_{38}O_4$	光、热稳定性、耐寒性好	无明显缺点	农用膜、增塑糊、代用 DOP
二仲辛酯	DCP	390.5	$C_{24}H_{38}O_4$	耐候性较好	相容性、耐热性差	代用 DOP
$C_7 \sim C_9$ 酯	$D_7 \sim D_9 P$	约 390.0		一般性能与 DOP 接近	有气味、性能劣于 DOP	代用 DOP
二壬酯	DNP	418.6	$C_{26}H_{42}O_4$	水抽出性低、耐火绝缘性好、耐油	相容性、脆化点高、耐寒性差	电线、板材
二异癸酯	DIDP	446.6	$C_{28}H_{46}O_4$	挥发性、迁移性小、耐水抽出、电绝缘性好、耐污	相容性差	高级人造革、电线及较高温度 PVC 制品
丁基苄酯	BBP	312.4	$C_{19}H_{20}O_4$	耐油、耐水抽出性好、耐迁移性好、加工性好	耐寒性差	板材、造革
丁基月桂醇酯	BLP	390.5	$C_{24}H_{38}O_4$	耐寒、光热稳定性好	无明显缺点	PVC 光滑制品
丁基乙二醇酯	BPBG	336.4	$C_{18}H_{24}O_6$	相容性好、无毒、无臭	水抽出及挥发性大、价昂贵	食品、医用薄膜及软管
二环己酯	DCHP	330.4	$C_{20}H_{26}O_4$	耐火性、光稳定好	耐寒性差	防潮包装材料

该类增塑剂与聚氯乙烯混合有如下特性。

① 当碳分子增加时相容性降低、挥发性降低、低温性变好、柔软性降低。

② 当醇的结构发生变化时，（即同分异构体），支链烷基（
$$-C-C-C-C-C- \quad \overset{\displaystyle C}{\underset{\displaystyle C}{|}} \quad \overset{\displaystyle C}{|}$$
 ）相容性好、易挥发、低温性较差、电绝缘性优良；直链烷基（—C—C—C—C—C—）相容性差、不易挥发、低温性好、电绝缘性较好。

表 3-3　配合增塑剂的各种特性

性能	增塑剂相对分子质量		增塑剂配合量		温度		树脂聚合度	
	小	大	少	多	低	高	低	高
相容性	良	不	良	不	不	良	—	—
塑化性	大	小	小	大	小	大	大	小
挥发性	大	小	小	大	小	大	大	小
渗出性	—	—	小	大	小	大	大	小
抽出性	—	—	小	大	小	大	大	小
耐热性	不	良	不	良	良	大	不	良
耐寒性	不	良	不	良	—	—	—	—
电绝缘性	不	良	良	不	良	不	不	良
燃烧性	大	小	小	大	小	大	—	—
力学性能	小	大	大	小	大	小	小	大
温度的影响	大	小	大	小	大	小	大	小

表 3-4　与 PVC 在同种条件下配合性比较

性能品种	DNOP	DOP	DIOP
结构特点	烷基支链数为"0"	烷基支链数为"1"	烷基支链数为"2"
热熔性	差	好	最好
挥发性	小	一般	大
低温型	最好	较好	一般
电绝缘性	差	好	最好

3.1.3　增塑剂的应用原则

增塑剂加入 PVC 树脂中，主要是给予制品一定程度的柔软性和韧性，降低其刚性和脆性，并改善加工性，不同制品对增塑剂的性能有不同的要求，有些单一品种的增塑剂不易具备上述所有增塑剂的性能要求，往往需配合两种以上的增塑剂。但作为主增塑剂的邻苯二甲酸酯，由于相容性好，一般配方中均有应用。

由于增塑剂用于 PVC 制品中占的比例较大，因此，在配方中如何选用增塑剂是十分重要的。其选择原则如下。

（1）应符合制品性能和用途的要求　此原则包括两个含意，即不同制品需配合不同数量和不同品种的增塑剂。

例如，以 100 份 PVC 树脂计，配用增塑剂的份数：人造革 100 份；鞋约 65 份；电缆粒子约 50 份，膜约 45 份，窗纱约 29 份……

当制品需要耐寒性，则需配用癸二酸二辛酯（DOS）或己二酸二辛酯（DOA）；当制品需要阻燃性，则需配用磷酸酯增塑剂；当制品需要提高透明性及稳定性，则需要加入环氧酯增塑剂。

（2）应符合制品加工过程的工艺要求　例如，PVC 吹塑薄膜，若配方中用大量的 DBP则会发生难以揭开的毛病，所以 DBP 的用量不能超过增塑剂的总用量的 30%。耐寒增塑剂（DOS）由于相容性差，在配方中只能配用增塑剂用量的 1/5。

（3）应考虑制品的成本　这项原则十分重要，它直接关系着企业的经济效益。在保证制品质量及加工性能的前提下，选用一部分价格低廉的增塑剂，部分或全部代用某一种增塑剂，是十分必要的，将大大降低制品的成本。例如，具有优良的耐候性及低挥发性的烷基磺酸苯酯（M-50），虽然低温性能差，但可代用一部分 DOP、DCP、DHP 及 D7-9P，也是DOP 很好的代用品。己二酸二辛酯（DOA）在大部分制品中，可以全部代用癸二酸二辛酯

（DOS）。

　　总之，由于增塑剂品种多，性能差异大，因此，在选择配用时，是一个很复杂的行为，由于其他 PVC 制品加工助剂对制品的性能，加工工艺要求及成本也有着一定的影响，这就增加了增塑剂在选择配用时复杂性。

　　（4）典型的增塑剂应用配方实例（其他助剂从略）　工业盐膜配方见表 3-5，压延薄膜配方见表 3-6，吹塑薄膜配分见表 3-7。

表 3-5　工业盐膜配方　　　　　　　　　　　　单位：份

配方＼编号	1 号	2 号	配方＼编号	1 号	2 号
PVC	100	100	DOA	8	
DOP	25	25	DOS		8
DBP	10	10	EMAR	5	5

　　注：该配方中以廉价的 DOA 代替 DOS。

表 3-6　压延薄膜配方　　　　　　　　　　　　单位：份

配方＼制品	一般薄膜 0.3mm	民用薄膜 ≥0.3mm	配方＼制品	一般薄膜 0.3mm	民用薄膜 ≥0.3mm
PVC	100	100	DOA	10	5
DOP	25	12	环氧酯	5	
DCP		12	氯化石油酯		10
DBP	13	12			

　　注：该配方中，环氧酯改善制品的透明性，以 DCP 氯化石油酯降低制品成本。

表 3-7　吹塑薄膜配方　　　　　　　　　　　　单位：份

配方＼编号	1 号	2 号	3 号	4 号
PVC	100	100	100	100
DOP	32	28	12.5	12
DBP	8	11	9	9
DOA	6	5	4	4
环氧酯	3		5	5
增塑剂总份数	49	44	30.5	30

　　注：该配方中的 DOP 的用量，占增塑剂总份数均不超过 30%。

3.1.4　增塑剂质量对制品质量的影响

　　PVC 塑料制品除了对增塑剂的用量、品种有所要求外，对某一特定的品种在质量上的要求也是很高的，增塑剂的质量对制品质量影响如下。

　　（1）外观的影响　由于生产过程及包装的影响致使增塑剂外观有杂质，主要是活性炭和铁锈。它们将影响浅色制品及膜制品的透明度和外观纯度，甚至造成制品产生明显的杂质鱼眼，也影响电缆粒子的电性能。

　　（2）色度的影响　增塑剂的色度主要影响浅色制品及膜制品的白度和透明度。

　　（3）酸度的影响　增塑剂酸度大可降低制品的分解温度及热稳定时间，增塑剂酸度对分解温度及热稳定时间的影响见表 3-8。

表 3-8　增塑剂酸度对分解温度及热稳定时间的影响　　单位：份

氯化石蜡	样品 1 号	样品 2 号
酸度（以苯二甲酸计）/%	0.142	0.0414
制品分解温度/℃	185	193
制品的热稳定时间/min	30	50

酸度大可影响增塑剂体积电阻值下降，从而影响制品的电绝缘性能，酸度与体积电阻的关系见表 3-9。

表 3-9　酸度与体积电阻的关系（以 DOP 为例）　　单位：份

DOP 样品	1 号	2 号	3 号	4 号	5 号	6 号
酸度（以苯二甲酸计）/%	0.031	0.028	0.022	0.012	0.008	0.0037
体积电阻（20℃）/$\Omega \cdot cm$	3.25×10^{10}	3.5×10^{10}	6.25×10^{10}	1.1×10^{11}	1.35×10^{11}	2.25×10^{11}

（4）体积电阻的影响　增塑剂的体积电阻低，影响制品的电绝缘性下降。

（5）加热减量（挥发物）的影响　加热减量实际上是增塑剂中低沸点物质的挥发。通常是原料醇和饱和溶解在增塑剂中的水。加热减量大，则增塑剂加热损耗大，造成制品的硬度不容易控制，从而缩短老化时间即使用寿命。同时也不利于制品加工过程操作环境的改善。

（6）闪点的影响　闪点低实质是增塑剂内含原料醇的比例大。闪点低制品加工过程中有冒烟现象和增塑剂加热损失大，会对制品造成前面叙述过的影响。但增塑剂中醇含量高于人的嗅觉值（0.05%）时，就可以明显地嗅到增塑剂中原料醇的气味，导致制品有明显的原料醇的气味。

（7）水分的影响

① 增塑剂的水分会使增塑剂在贮存过程中酸值上升，水分对增塑剂成品酸度的影响见表 3-10。

表 3-10　水分对增塑剂成品酸度的影响

原有 DOP 试样		贮存中 DOP 酸度/%		
水分（W/%）	酸度（以苯二甲酸计）/%	一周后	三周后	五周后
0.047	0.0030	0.0033	0.0046	0.0044
0.05	0.0068	—	0.0067	—
0.059	0.0068	0.0074	0.0086	0.0086
0.090	0.0033	0.0068	0.0093	0.0112

从表 3-10 不难看出，水分越大，贮存过程中酸度上升越大。

② 增塑剂中的水分会使增塑剂中的体积电阻下降，水分对体积电阻的影响见表 3-11。

表 3-11　水分对体积电阻的影响

水分情况	样品 1 号	样品 2 号
水饱和 DOP 的体积电阻/$\Omega \cdot cm$	2.0×10^{11}	3.2×10^{11}
干燥 DOP 的体积电阻/$\Omega \cdot cm$	2.5×10^{11}	3.7×10^{11}

（8）热稳定性的影响　热稳定性是指增塑剂在一定温度，一定时间受热后重量的变化（挥发物或加热减量）、色度的变化、酸度的变化及体积电阻的变化。质量好的增塑剂在加热后重量变化小，色度变化小，酸度略有上升，体积电阻基本不变。体积电阻对制品的影响如前所述加热后 DOP 体积电阻的变化见表 3-12。

表 3-12　加热后 DOP 体积电阻的变化

DOP 样品	体积电阻(20℃)/Ω・cm	体积电阻(20℃)加热 180℃,30min/Ω・cm
非酸法工艺	1.67×10^{11}	4.9×10^{11}
德国	2.22×10^{11}	4.67×10^{11}
硫酸法工艺	1.01×10^{11}	4.09×10^{10}

试验证明：未经特殊处理的硫酸法工艺 DOP 产品，经加热试验后，体积电阻值下降一次方指数不能作为绝缘级产品使用。

3.2　邻苯二甲酸酯类增塑剂的生产

3.2.1　邻苯二甲酸酯类增塑剂的一般制造法

3.2.1.1　概述

邻苯二甲酸酯类增塑剂有如下通式：

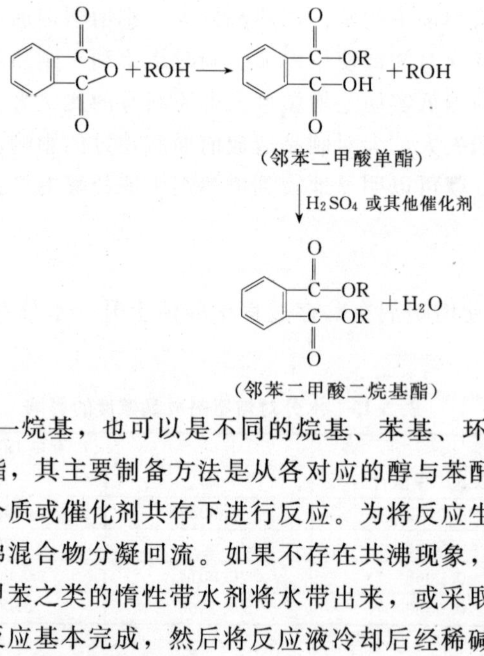

其中 R 与 R′可以是同一烷基，也可以是不同的烷基、苯基、环己基等。烷基中含四个碳原子以上的邻苯二甲酸酯，其主要制备方法是从各对应的醇与苯酐经酯化法合成，通常是让苯酐与过量的醇在酸性介质或催化剂共存下进行反应。为将反应生成的水排出系统外，可设法使醇与水形成醇水共沸混合物分凝回流。如果不存在共沸现象，或沸腾温度在限定反应温度之上，则要加入苯或甲苯之类的惰性带水剂将水带出来，或采取减压酯化，当反应完成不再有水被带出时，酯化反应基本完成，然后将反应液冷却后经稀碱液中和洗涤，再加热将过量醇蒸出，经活性炭脱色，过滤制得成品。

酯化反应的催化剂可以是无机酸或有机酸、两性氧化物、金属有机物、盐类或酸式盐。而硫酸与对甲苯磺酸，则是历史上应用最普遍的催化剂。

生产工艺上，根据各工序本身及前后之间的衔接的连续化程度，特别是酯化操作的连续与否分为间歇式、半连续式及连续式等几种过程。因而上述一般制造方法随着品种、质量要求、催化剂选择、工艺方式和生产规模的不同会有很多变化。但从整体上说，目前邻苯二甲酸酯的生产技术趋于向两个方面发展。一方面是 DOP 为主的连续化大型生产装置，单线生产能力在 10 万～20 万吨/年的水平。另一方面由于邻苯二甲酸酯品种多，为了适应其他特殊增塑剂的要求，又必须采用通用设备进行间歇生产。这种通用型装置又称为多功能装置，一般多功能装置能力从几千吨/年到几万吨/年都有，与批量生产品种和市场需求量确定装置能力，但这种装置一般均为间歇式生产装置。

3.2.1.2　制造通式

醇与苯酐生成邻苯二甲酸酯的反应属于典型的酯化反应。酯化反应一般是可逆的，由于原料结构、催化剂和反应条件不同，可以按照多种不同的历程进行。对于邻苯二甲酸酐与醇的酯化反应来说，第一步反应苯酐与醇生成邻苯二甲酸单酯的反应，是一个不可逆反应，通常是 1mol 苯酐与 2mol 稍多一点的醇在 120～130℃反应很快生成单酯，而第二步反应则是可逆反应，必须在催化剂的作用下经加热才可以完成。两个阶段的总反应如下：

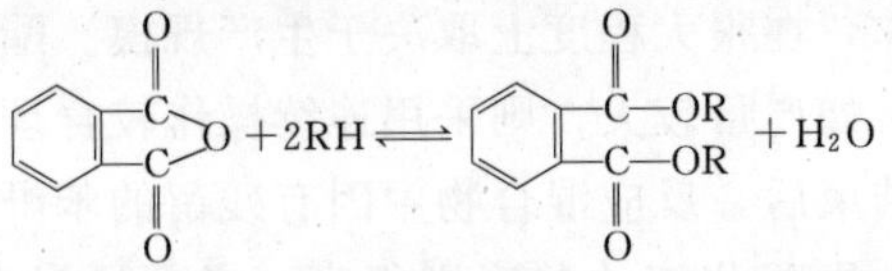

如果以硫酸为催化剂时，除上述两个主反应之外，生产过程中不可避免地会有各种副反应产生。副反应会给产品带来严重的质量影响。抑制副反应，清除产品中由于副反应生成的杂质，是邻苯二甲酸酯生产工艺过程中很重要的任务。

3.2.1.3　副反应的生成

(1) 醚的生成　这是副反应中的主要反应，在浓硫酸的作用下两个醇分子间脱水生成醚，其反应式如下：

$$ROH + HOR \longrightarrow ROR + H_2O$$

醚的生成降低了原料利用率，生产过程中醚不断累计增多，可使回收醇中醇含量大大减少，以至严重影响反应的正常进行。

(2) 硫酸酯的生成　在反应条件下，硫酸与醇作用，分子间脱水生成无机酸酯，其反应式：

$$ROH + H_2SO_4 \longrightarrow RHSO_4 + H_2O$$
$$\text{醇　　硫酸　　酸性硫酸酯　　水}$$

$$RHSO_4 + ROH \longrightarrow R_2SO_4 + H_2O$$
$$\text{酸性硫酸酯　醇　　硫酸酯　　水}$$

醛的生成：醇在高温下受硫酸的氧化生成醛。

$$RCH_2OH \longrightarrow RH{=}O$$

烯烃的生成：在硫酸的存在下醇在高温下还可被分解生成烯烃。

$$ROH \longrightarrow R{=}R'' + H_2O$$

还有一些硫酸盐和羧酸盐的生成。除去这些副反应之外，硫酸对原料醇和苯酐及其杂质的炭化现象也是存在的，影响酯化粗酯色度加深，物料消耗增大。总之，酯化副反应是比较复杂的，虽然生成物数量不多，但对产品和回收醇的质量影响较大。

3.2.1.4　工艺流程

(1) 酯化　酯化工序是生产中的关键工序。邻苯二甲酸酯在这一工序中生成。酯化以后的所有工序只是为了将产品从反应混合物中分离提纯。

由于苯酐和醇反应生成单酯的反应是不可逆的，所以当苯酐在醇中溶解时，反应实际上即已完成。从单酯生成双酯的反应速率很慢，需要几年甚至几十年也不能达到化学平衡，即使达到平衡也只有约 2/3 的酯生成。为了使平衡向正反应方向移动，根据质量作用定律，必须设法不断从系统中分离出反应生成的水，反应过程中通常采用原料过量的方法。特殊反应可使用苯或甲苯作为带水剂。为了加快反应速率，通常采用提高反应温度和使用催化剂两条措施。例如，制备 DOP 时，两步反应总的热效应仅为 83.68J/mol，因此，在无催化剂酯化过程中一般要将反应温度提到 200～320℃。当使用 H_2SO_4 催化剂时，反应活化能降低到 54.39J/mol，反应温度可以在 130～150℃时完成反应，根据不同产品工艺也可以采取减压酯化，降低反应终点温度。

在实际生产应用中，可以将原料与催化剂等同时加入反应器，使两步反应在同一设备中完成。也可以将两步反应分开在两个反应器中分别进行，而仅在后一反应器中加催化剂。不论是两步反应分与不分都可采用间歇酯化或连续酯化装置。

反应是否采用连续操作，在很大程度上取决于生产规模。酯化反应是液相反应，规模不大时，间歇操作比较有利，如产量较大，则采用连续操作较合理。

（2）中和　酯化反应结束后，反应混合物中因有残留的苯酐和未反应完全的单酯而呈酸性，如果使用酸性催化剂，则酯化液的酸度则很高，必须通过碱液中和把这些酸性物质除去。不同的产品中和用碱液浓度是不一样的，DOP 用 3%～4% 的碳酸钠水溶液中和效果较好，碱液太稀则中和不易完全，且醇的损失与废水量都会增加，碱液太浓则易引起酯的皂化，而 DBP 中和则需要碱液浓度 6%～8% 比较合适，因为 DBP 粗酯密度大碱液浓度低不易分层，丁醇在水中溶解度较高，工艺中需要进行废水提醇，因此碱液浓度高会减少废水的处理量。碱液加入量应根据反应液（粗酯）酸度而定，一般超出计算量的 5%。中和时可能发生的化学反应有：纯碱与酸性催化剂的反应；纯碱与邻苯二甲酸单酯的反应；纯碱与酯的皂化反应。显然，酯的皂化反应是最不常发生的，为了避免皂化，必须严格控制操作温度 <85℃。

中和时还有另一种应该防止的现象是乳化。碱与单酯生成的单酯酸钠盐是良好的表面活性剂，有很强的乳化作用。此外，温度太低，搅拌过于剧烈或反应混合物密度与碱水相近，都会发生严重乳化，此时可以相应采取加热、静置或加盐等方法破乳。但无论如何，油水界面总会出现中间层絮状物，各种杂质在这里比较集中，不易带入后面的脱醇工序。

中和的方式也有间歇和连续两种。连续法中和一般采用串联阶梯式装置，或文氏管中和方式，选择中和方式既要考虑中和效果也要考虑中和后物料的分离。

（3）水洗　在传统的酸性催化剂生产工艺中，中和后进行水洗是不可缺少的步骤。通常认为水洗是为了除去粗酯中夹带的碱液、钠盐等杂质，防止粗酯在后工序高温作业时引起返酸和皂化。国外很多装置都采用无离子水进行水洗以减少成品中金属离子杂质，提高产品的体积电阻率。水洗的操作方式类似中和，不同的产品根据其物料性质水洗次数不同，一般大多数产品经二次水洗反应料液即达到要求，由于邻苯二甲酸酯类密度随分子量增加而减少，所以在调换产品时应注意酯与水的分层情况。

对于采用非酸性催化剂工艺，反应中副产物少，只用少量碱水中和，水洗水量也相应减少，也有些间歇式生产工艺可以去掉中和、水洗过程，实现清洁生产工艺是一大明显的优点。

（4）醇的回收　过量醇的回收工序在国内行业中俗称脱醇。常用的是水蒸气蒸馏的方法使醇和酯分离。最早的脱醇方法在反应中加入共沸带水剂，脱醇时醇与带水剂一起从酯中被蒸汽汽提出来，再用蒸馏法分开。有些连续脱醇工艺中，为保证脱醇的温度采用过热蒸汽（280～300℃）进行脱醇，一般间歇脱醇工艺中直接采用 0.5～0.6kPa 饱和蒸汽，即可达到工艺要求。

虽然醇与酯的沸点差距很大，但真正达到完全分离并不容易。因为醇的沸点高，如果常压蒸馏，通入蒸汽会导致酯的水解反应，使粗酯的酸度增大或颜色加深。因此，采用水蒸气蒸馏的方法，在减压条件下进行脱醇，来降低脱醇的温度。

减压水蒸气蒸馏不仅降低了对热源供应的要求，而且也减少了回收醇中酯的含量。回收醇中酯的含量的控制是非常重要的，因为过量醇要循环使用。因此，酯含量增高会导致产品的色度加深。相对来讲，对于硫酸法工艺由于其酯化反应产物多，影响回收醇质量，因此回收醇循环使用的次数要较少。而非酸法工艺循环使用的次数较多。

(5) 精制　20 世纪 80 年代以前，邻苯二甲酸酯的生产工艺大多使用的是硫酸法催化剂，为了解决热稳定性，着重于后处理的真空蒸馏，真空蒸馏的产品 100% 能够达到绝缘级，对于一些特殊规格要求的产品，此法目前仍不失为一种有效手段。80 年代以后，随着邻苯二甲酸酯类增塑剂生产技术的不断进步，特别是二辛酯的生产，酸法工艺逐渐被淘汰，现在大型装置已基本上采用非酸法工艺，只有一些小装置还是以酸法工艺生产。对于非酸性催化剂工艺，酯化反应过程中基本上无副反应发生，质量相对较好，经过中和水洗，脱醇后只需经过简单过滤即可达到产品质量要求。

(6) 过滤　精制后的物料需加入活性炭或硅藻土作为脱色剂和助滤剂，经搅拌均匀后进行过滤。目前使用的过滤机大约有三种，传统的过滤机为板框式过滤机，因拆板框清炭劳动强度大，且环境脏，而逐步被封闭式圆盘过滤机和立式网板式过滤机所取代。但由于板框过滤机面积大，过滤速度快，操作简单等特点在有些企业仍在使用，也有的作为二级过滤使用，降低了清炭的频率。

(7) "三废" 处理

① 废水的产生及处理。邻苯二甲酸酯类增塑剂生产的主要污染物是废水。生产工艺中废水的来源有以下四部分。

a. 酯化反应中生成的水。

b. 中和废水即含有硫酸盐、单酯钠盐的废碱液。

c. 水洗水即洗涤粗酯用的水。

d. 脱醇时汽提蒸汽的冷凝水。

以上四部分废水量根据产品不同 1t 产品产生 500～1000kg 废水。有些个别产品工艺废量达到每吨 1200～1500kg。上述酯化、中和、水洗、脱醇所产生的废水中主要是受有机物的污染，所含污染物的多少取决于醇、酯在水中的溶解度和冷凝后油水分层情况。生产 DOP 等高碳醇酯时，相应的物料在水中的溶解度只有 0.1% 左右，因此，工艺废水经过简单的沉降、隔油、粗粒化、过滤等处理，正常化学耗氧量 COD 值在 2000～3000mg/L，中和废碱液杂质含量最高，催化剂、副反应生成物及中和后盐类物质大部分进入废碱液，所以 COD 值相应也较高。

关于增塑剂生产废水的水处理方法一般处理过程可分为两级，一级处理着眼于回收废水中的物料，尽可能将悬浮或溶解于水中的物料回收回来，从经济和环保两方面提高生产装置的效益，为二级处理打下基础。二级处理主要是净化，就是将废水中各种残余杂质予以破坏去除，使 COD 值、悬浮物、pH、油含量等指标达到国家规定的排放标准。

治理废水的途径首先要考虑从工艺上减少排放，即采用清洁生产工艺，从源头控制污染物的产生和排放，其次才是处理。目前最好的方法是选用非酸性催化剂，简化中和、水洗等生产步骤，也有的企业采用套用工艺水方法。如酯化、脱醇工序产生的工艺废水，主要污染物是醇，可以说是醇的饱和水蒸气。这种水可作为中和、水洗工序用水，不仅可以减少废水量，而且避免了醇在水中的多次溶解，即节约了能源又降低了物料消耗。另外水洗后的废水也可以用来作为中和配碱液用水，经过这样多次套用废水排出量可降低 70％左右。例如，德国 BASF 公司报道，经采用废水多次套用废水排放量，从每吨产品 1436L 减少到 350L，下降了 75％。

下面简单介绍几种废水的处理方法和路线。

a. 日本增塑剂工厂的废水处理方法一般流程是比较简单，在粗酯中和时碱液 pH 控制在 11.5 以上，使中和完全，然后将废碱液酸化到 pH2～3，此时可以得到占产品重量约 0.6％的呈油状浮起的粗单酯。在废水中加入 H_2SO_4 酸化，一方面可以起到破乳作用，使油的悬浮状态破坏，另外一方面单酯钠盐转化为单酯进入有机相。回收的单酯经酯化并加氧化剂脱色处理，可得到合格产品。废水经过活性污泥生物降解后 COD 值一般可低于 50mg/L。

b. 西欧的一些企业，如德国 BASF AG 公司处理 DOP 生产废水时，流程要复杂一些，见图 3-1。

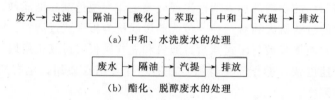

图 3-1　德国 BASF AG 公司处理 DOP 生产废水处理过程

在萃取过程中，废水与原料辛醇液-液萃取，硫酸单辛酯、邻苯二甲酸单辛酯和 DOP 都转入辛醇中，送回酯化。酸性废水再用 50％氢氧化钠水溶液中和后进入进汽提塔进一步回收微量辛醇，经过这样处理的废水 COD 值小于 300mg/L，无需再生化处理。这种方法回收物料较完全，但也存在辛醇受反应杂质污染的。因此，这部分醇如再利用需经过精制处理，否则会影响产品质量。

c. 国内增塑剂行业的废水处理装置运转比较稳定的有以下几种路线，见图 3-2。

图 3-2　国内增塑剂行业的废水处理

上述三种路线用于低碳醇酯如邻苯二甲酸二丁酯的废水处理，效果比较好。前两种路线只能回收乳化状态的油珠，不能回收溶解于水中的物料。例如，第二种路线是将悬浮的油珠按颗粒大小次序逐步取出。先是根据浅池原理，废水经过斜板隔油池，漂浮的油层得到富集回收。此后尚有乳化状分散的油珠，由于相对密度与水相近，上升速度极为缓慢，加压气浮是将废水加压后突然泄压，溶解于水中的空气形成微小气泡上升，使油珠黏于气泡周围一起上升。只有几个微米大小的油珠最后依靠粗粒化法凝聚。粗粒化是依靠一些亲油疏水的材料如丙纶纤维来实现的。电解的原理是借助电场将水中的杂质分解，同时水分子也大量电离，铁制阳极周围产生铁的氢氧化物，形成一种可以吸附已分解的杂质微粒的絮凝物，阴极周围产生氢气小气泡，推动絮凝物上升。

② 废渣。邻苯二甲酸酯的工业废渣来自精制工序（即过滤工序），从板框式或网板式或压滤机取出的吸附剂活性炭、助滤剂硅藻土和滤纸，以及来自废水处理工序从微孔管或过滤器取出的活性炭。活性炭的用量为每吨产品 1~2kg，它又能吸附自身重量 1~2 倍的酯，用离心法或萃取法可将所吸附的酯部分回收，也可以用压榨方式进一步挤出。现在有部分回收废活性炭厂家，用含有物料的活性炭生产炕革或塑钢窗的密封胶条，这样就实现了废物的利用，也解决了增塑剂固体废渣的污染。

③ 废气。增塑剂生产过程中的废气，来源于真空系统排出的废气，因含有一些低组分和醇类而带臭味，一般采用填料式废气洗涤除臭后排入大气。

3.2.2　邻苯二甲酸酯类增塑剂的工业生产

由于增塑剂的用量很大，品种繁多，目前增塑剂的生产技术趋向两方面发展。一方面是主增塑剂的连续化、大型化；另一方面是特殊增塑剂的品种多样化、小批量间歇生产。

邻苯二甲酸酯类增塑剂的消费量约占整个增塑剂的 80%，生产量很大，因而，出现了以 DOP 为中心的连续化大型生产装置，目前国内连续化生产装置最大单线生产能力已达到 20 万吨/年。

3.2.2.1　邻苯二甲酸酯类增塑剂的生产方式

增塑剂的生产按照酯化反应类型可分为酸性催化剂、非酸性催化剂及无催化剂工艺三种方式，按酯化反应压力可分为常压和减压两种方式，按工艺装置的单元操作方式可分为间歇、半连续和全连续三种方式。

（1）间歇式生产　间歇式的通用生产装置如图 3-3 所示，除可以生产 DOP 以外，还可生产 DBP、DIBP、DHP 等多种邻苯二甲酸酯，也可生产脂肪族酯等其他类型的增塑剂。

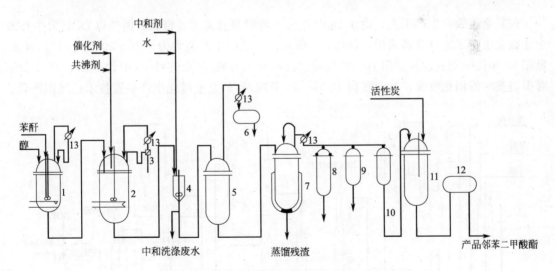

图 3-3　间歇式邻苯二甲酸酯通用生产工艺过程

1—单酯化反应器（溶解器）；2—酯化反应器；3—分层器；4—中和洗涤器；5—蒸馏器；6—共沸剂回收贮槽；

7—真空蒸馏器；8—回收醇贮槽；9—初馏分和后馏分贮槽；10—正馏分贮槽；

11—活性炭脱色剂；12—过滤器；13—冷凝器

间歇式装置特点为：工艺流程短、设备费用低、操作简单，但工艺自控水平低，劳动强度相对较大，质量不太稳定。由于增塑剂品种繁多，而一个品种的生产量又较少。因此，为了适应其他增塑剂的多品种，小批量生产，所以通用型增塑剂装置多为间歇式生产工艺。典型的 DOP 生产装置并没有特殊工序，凡是间歇法生产的酯类装置均可生产 DOP 产品。

（2）半连续化生产　半连续化生产是指酯化仍然采用间歇式，如图 3-4 所示。酯化工序以后的净化处理过程采用连续生产方式，因而可以说半连续化生产工艺是间歇式生产工艺到全连续化生产工艺的一个过渡阶段。和全连续工艺相比，半连续化工艺的设备费用相对要省些，而且操作简单，改变生产品种比较容易，但产品质量不如全连续化稳定。半连续化生产工艺适用于较大规模的多品种的邻苯二甲酸酯的生产，20 世纪 80 年代中期，其生产规模一般为 1 万～2 万吨/年。国内 DOP、DBP、DIBP 等邻苯二甲酸酯多采用半连续化生产工艺。

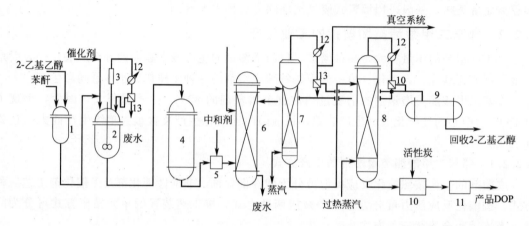

图 3-4　典型的 DOP 半连续生产装置

1—单酯化反应器；2—酯化反应器；3—回流塔；4—酯化液贮罐；5—中和器；6—水洗塔；7—脱醇塔；

8—脱臭塔；9—回流 2-乙基己醇贮罐；10—活性炭精制器；11—过滤器；12—冷凝器；13—分离（层）器

（3）全连续化生产工艺　由于 DOP 作为主增塑剂的需用量很大，国外以 DOP 为中心的全连续化生产工艺已普遍采用，如图 3-5 所示，一般的生产能力为 5 万～10 万吨/年，自 20 世纪 80 年代中期我国从德国 BASF 公司引进两套 5 万吨/年全连续 DOP 装置后，经过多年对引进技术的消化吸收，目前我国 10 万～20 万吨/年的全连续化生产装置技术已经国产化。

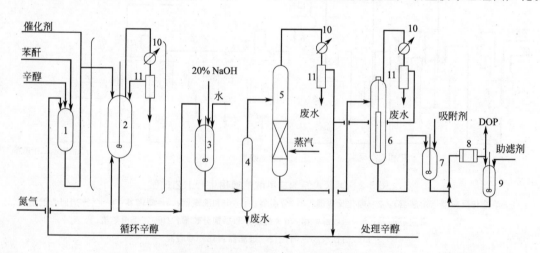

图 3-5　连续法 DOP 生产工艺流程

1—单酯反应器；2—阶梯式串联酯化器（$n=4$）；3—中和器；4—分离器；5—脱醇塔；

6—干燥器（薄膜蒸发器）；7—吸附剂槽；8—叶片式过滤器；10—冷凝器；11—分离器

全连续化生产工艺，自控水平高，质量稳定，原料消耗稳定，劳动生产率低，劳动强度小，经济效益高。在全连续化生产装置中，酯化反应器可分为塔式反应器及阶梯式串联式反应器两大类。塔式反应器结构虽然复杂，但设备紧凑，总投资造价较阶梯式反应器低，采用酸性催化剂时，选用塔式反应器较合理，反应混合物停留时间短，适用于酸性催化剂工艺（也可用于 DBP、DIBP 生产）。而阶梯式串联反应器结构简单，操作也较方便，但投资大，采用非酸性催化剂或无催化剂反应时，由于反应物温度较高，反应混合物停留时间较长，因此选用阶梯式串联反应器较合适。

综上所述，从三种生产工艺不难看出：间歇法生产流程是连续化生产工艺的基础，而半连续法生产又是间歇法向全连续化生产的一个过渡。三种装置结构虽然各异，但工艺流程并无本质区别。

3.2.2.2　酯化催化剂

在酯类生产过程中使用催化剂可以大大加快酯化反应的速率。

（1）酸性催化剂　酸性催化剂是传统的酯化催化剂，它们的特点是活性温度低，催化活性高，一般是在 150℃ 左右即有足够的催化活性（而一般非酸性催化剂要在 170℃ 以上才有催化活性），而且价格低廉、易得；其缺点是容易引起副反应（特别是硫酸），从而导致反应混合物色度加深和回收醇质量劣化，使后工序产品精制比较麻烦，同时对设备和管道腐蚀严重。

硫酸（H_2SO_4）、对甲苯磺酸等是工业上广泛使用的催化剂。磷酸、过氯酸、萘磺酸及甲基磺酸等也是普通的酸性催化剂，而硫酸是酸性催化剂中最典型使用最广泛的催化剂之一。

① 硫酸催化的反应机理。下面以邻苯二甲酸二丁酯为例，将硫酸催化的反应机理介绍如下。

酯化反应第一步：首先是苯酐和一个丁醇分子反应生成邻苯二甲酸单丁酯。以下式表示：

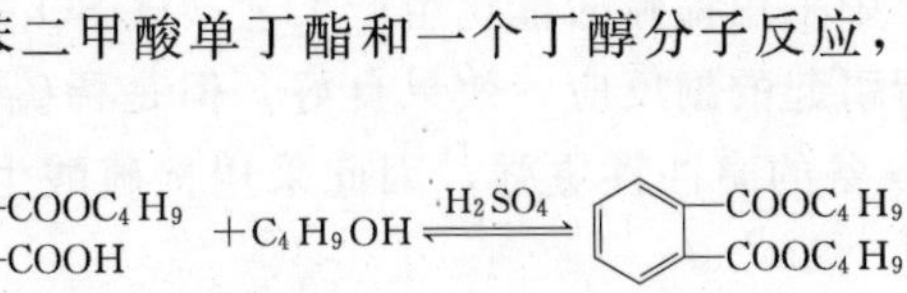

此步反应是放热反应，不需要在催化剂作用下即可顺利进行，温度在 120～130℃ 时反应可以基本完成。

酯化反应第二步：邻苯二甲酸单丁酯和一个丁醇分子反应，生成邻苯二甲酸二丁酯和水，以下式表示：

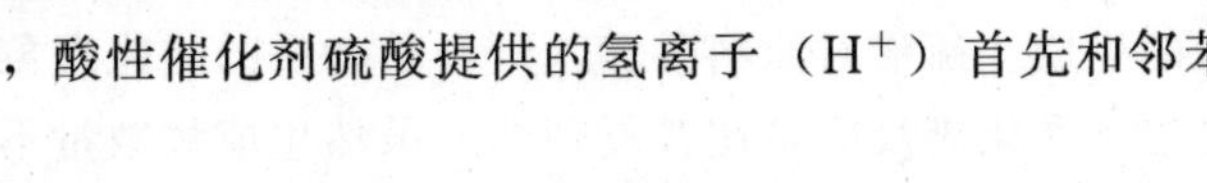

该反应是可逆的，在无催化剂的情况下反应速率非常缓慢，因此反应需在催化剂硫酸的作用下，反应终点液温在 140～145℃ 时可以基本完成。

在第二步反应中，酸性催化剂硫酸提供的氢离子（H^+）首先和邻苯二甲酸单丁酯中的羧基（$-\overset{O}{\overset{\|}{C}}-OH$）生成镁盐，结果增加了羧基碳原子的正电性，有利于丁醇的亲核反应。反应机理以下列反应式表示：

最后邻苯二甲酸单丁酯锌盐与丁醇反应，失去一分子水和一个氢离子，生成双酯和水并放出 H^+。

综合第一步、第二步反应，酯化反应的总反应式为：

$$\text{邻苯二甲酸酐} + 2C_4H_9OH \xrightarrow{H_2SO_4} \text{邻苯二甲酸二丁酯} + H_2O$$

因为酯化反应为一可逆反应，为使反应尽快向形成酯的方向进行，必须将反应生成物中的水迅速从反应体系中移出（移出水比移出酯来得容易，因此在反应中一般采取丁醇过量方法）。

硫酸的催化活性很高，在 $100 \sim 130℃$ 即有很高的催化活性，一般添加 $0.2\% \sim 0.4\%$（以投料总质量百分数计算），大多数产品酯化反应在 $2 \sim 8h$ 内即可完成，同时硫酸价格低廉，反应温度低，用蒸汽加热即能满足工艺要求，热源容易解决，因此我国在工业上目前仍广泛使用。但硫酸又有很强的氧化性和脱水性，易发生有机物的炭化和脱水等副反应，使产品色度变深，内在质量下降。此外，由于回收醇中含有副反应生成的不饱和物和羰基化合物，因而在循环使用时影响产品质量。如目前国内用硫酸催化剂生产 DOP 的生产工艺，除了间隔一定的生产周期要将回收醇甩出外，生成的硫酸酯等杂质不易从产品中全部除去，尽管 DOP 的质量指标色度和酸度符合质量标准，但内在质量不稳定，主要表现为热稳定性差，产品加热后加热减量大、酸度大幅度上升、色度加深，体积电阻率不合格，不能适应高档 PVC 制品的需要和绝缘级产品的生产。

国内也有厂家，在生产中采用稀硫酸催化生产工艺（H_2SO_4 浓度 $30\% \sim 50\%$），防止了浓硫酸的脱水和氧化作用所引起的副反应，效果良好。但是稀硫酸配制时应注意安全操作，而且 40% 左右的稀硫酸对设备的腐蚀性更强，因此采用稀硫酸生产工艺应考虑设备的材质要耐稀酸腐蚀。

② 以硫酸为催化剂时的副反应。以硫酸为催化剂时，可能发生的副反应有醚的生成、硫酸酯的生成、醛的生成等，另外在硫酸的存在下，醇在高温下还可被分解生成烯烃，还有一些硫酸盐和羧酸盐的生成。硫酸对原料醇和苯酐及其杂质的炭化现象也是存在的，造成酯化粗酯色度加深。总之，酯化副反应是比较复杂的，虽然生成物数量不多，但处理起来非常麻烦，如果处理不净会影响产品质量。因此在后工序中对杂质的处理也是一项非常重要的任务。

　　为了避免这些副反应发生，首先要避免醇和浓硫酸的直接接触，因而用稀酸作催化剂较为合理。

　　催化剂硫酸的浓度究竟多高合适，从硫酸可以生成稳定的四水化合物（$H_2SO_4 \cdot 4H_2O$）的角度看，要防止硫酸的脱水作用，硫酸的浓度可以低至 5%～6%，从国内生产厂家使用稀硫酸的实践经验表明，稀硫酸的浓度以 30%～50% 为宜。硫酸浓度的选择要结合各产品的具体工艺条件（如硫酸用量、活性炭用量、酯化后期温度）等因素，不能一概而论。稀硫酸作催化剂，不仅适用于邻苯二甲酸二丁酯、二异丁酯、二辛酯，实践证明，生产癸二酸二辛酯、己二酸二辛酯等，用稀硫酸同样可以收到较满意的效果。

　　我国采用硫酸催化剂生产邻苯二甲酸酯的工艺流程与国际先进水平相比还不够完善。尚缺少酯的热分解工艺、无离子水洗涤及脱臭工艺、回收醇加氢工艺以及废水处理工艺等。它们在酯化中和后，在 180℃、1.5MP 的压力下进行热分解，热分解反应方程式如下：

$$R_2SO_4 + H_2O + Na_2CO_3 \longrightarrow RNaSO_4 + ROH + NaHCO_3$$

将硫酸酯皂化为硫酸单酯钠盐后转入水相除去。经过热分解去除 DOP 中的硫酸酯，能使产品的热稳定性提高。

　　(2) 非酸性催化剂　为了降低产品色度，提高产品热稳定性和进一步简化工艺流程，我国在 20 世纪 60 年代后期开始了对非酸性催化剂工艺的研究，增塑剂行业作为攻关课题，组织了各企业的许多科技人员做了大量的试验，包括对回收醇的杂质变化跟踪和使用周期对比，产品的内在质量和稳定性，成本的核算等，经过小试、中试扩大试验，直到 80 年代中期在 DOP 生产工艺中实现工业化生产。

　　① 非酸性催化剂种类。

　　a. 铝的化合物：如氧化铝、铝酸钠、含水氧化铝加氢氧化钠等。

　　b. Ⅳ族元素的化合物：如氧化钛、钛酸四丁酯、钛酸四异丙酯、氧化锆、氧化亚锡、草酸亚锡和硅的化合物等。

　　c. 碱土金属氧化物：如氧化锌、氧化镁等。

　　d. Ⅴ族元素的化合物：如氧化锑、羧酸铋等。

　　其中最重要的铝、钛和锡的化合物，它们可以单独使用，也可以相互搭配使用，还可以载于活性炭等载体上做成悬浮型固体催化剂使用。

　　② 非酸性催化剂的优点。

　　a. 酯化过程中副反应较少，反应混合物色度浅，回收醇质量较好循环使用周期长；

　　b. 产品精制过程比较简单，简化了中和、水洗工艺过程；

　　c. 生产过程中废水量少且水质好，废水处理工艺简单；

　　d. 产品热稳定性达到国际水平；

　　e. 收率高，原料消耗低。

　　③ 非酸性催化剂的缺点。非酸性催化剂的缺点是催化活性温度高，一般要在 170℃ 以上才有足够的催化活性，酯化反应温度较高，反应终点温度达到 230～240℃，需要用导热油炉或较高压力蒸汽加热才能满足工艺要求，而且价格较高。现在我国 DOP 及一些高碳醇酯产品的生产，特别是一些大型生产 DOP 装置均采用非酸法进行生产。值得说明的是，不是所有的邻苯二甲酸酯的生产都能用非酸催化剂生产，像 DMP、DEP、DBP、DIBP 等一些产品，由于醇的沸点较低，不适用于非酸法工艺生产，目前还只能用硫酸法进行生产。

3.3　邻苯二甲酸酯的合成

邻苯二甲酸酯类增塑剂的生产，是基本有机合成的一个部分。各种酯类增塑剂如 DBP、DOP、DIBP 等，其生产工艺及化学原理是基本相似的，绝大多数酯类的合成都是基于（羧酸或酐）与醇的反应。酸和醇作用生成酯和水的反应叫酯化反应。

3.3.1　酯的合成反应

以生产 DBP 为例，苯酐和丁醇为原料，硫酸做催化剂，分两个阶段进行酯化反应。

第一阶段，邻苯二甲酸单丁酯（简称单丁酯或单酯）的形成。苯酐和一个分子丁醇反应，生成邻苯二甲酸单丁酯，以下式表示。

此步反应速率很快，不需要在催化剂作用下即可顺利进行，温度在 120～130℃ 时反应可以基本完成。

第二阶段，邻苯二甲酸二丁酯（DBP）的形成。邻苯二甲酸单丁酯和丁醇反应，生成邻苯二甲酸二丁酯和水，以下式表示。

由单酯生成 DBP 的反应是可逆的，反应速率是非常缓慢的，需在催化剂硫酸作用下，反应液温在 140℃ 左右时可以基本完成。如等物质的量的单酯与丁醇混合，不加任何催化剂并在常温下，要使反应达到平衡，需要经过十几年的时间。为实现工业生产，必须创造一定的条件来提高酯化反应速率。在实际生产过程中采取的措施是提高反应温度和加入催化剂并不断移除生成水。苯酐与丁醇反应的第二阶段即为双酯化反应，而且是典型的可逆反应。换句话说，当反应体系生成一定量的 DBP 和水以后，DBP 又同水起水解作用，逆转而生成单丁酯和丁醇，当达到平衡时，双方浓度都不改变，也就是酯化速率与水解速率相等。如果以 V 代表单位时间内的酯化速率（单位克分子平方/单位时间），以 V' 代表水解速率（单位同前），则平衡时 $V=V'$ 而反应速率是以反应物浓度的乘积为变化的，用数学方程表示即是：

$$V=k[单酯] \cdot [丁醇] \tag{1}$$

同时，水解速率可以用生成物浓度的乘积来计算。

$$V'=k'[DBP] \cdot [水] \tag{2}$$

k 是酯化反应速率常数，k' 是水解反应速率常数，当达到平衡时，(1)＝(2)。

$$k'[DBP][水]=k[单酯][丁醇]$$

移项：

$$\frac{k}{k'}=\frac{[DBP][水]}{[单酯][丁醇]} \tag{3}$$

因为 k 和 k' 都是常数，所以 $\frac{k}{k'}$ 也是常数，用 K 表示叫做酯化平衡常数。

$$K=\frac{[DBP][水]}{[单酯][丁醇]} \tag{4}$$

这种根据平衡常数说明浓度改变之间的规律，叫做质量作用定律，根据质量作用定律，可以讨论影响酯化反应速率的各种因素。

3.3.2　影响酯化反应的因素

3.3.2.1　醇的用量

一般 1mol 羧酸和 1mol 醇等物质的量进行酯化反应时，当达到平衡时仅有 2/3mol 的酯生成。因为酯是主要生产的产品，浓度越大越好，为使生成物酯的浓度增大，即分子增大，要保持分数值 k 不变，分母也需要增大，因此就需要加过量的丁醇。从理论上讲，酯过量也是可以的，但由于羧酸分子间或分子内存在较强的氢键，所以羧酸的沸点较相同分子量的醇要高得多，和酯分离较困难，一般在生产上不采用。

值得注意的是，醇不能过量太多，正常反应液温度要不低于 135℃，醇量过多，反应液温度低，要达到反应终点酸值。就需要较长时间。一般 DBP 生产醇、酐工艺配比为 (1.4～1.5)∶1（质量比），其他不同的产品，醇、酐的工艺配比是不一样的。

3.3.2.2　水的脱除

在第二阶段酯化反应中，水的生成是一直到反应物和生成物达到平衡浓度为止，呈一水溶液。如果能把生成的酯或水两者之一从反应系统中除去，就能使化学平衡向正反应方向移动使酯化更完全。为了不断除去酯化反应所生成的水，一般在反应混合物中加入一种能与水形成共沸混合物的有机溶剂，如苯、甲苯、环己烷、正庚烷等，也可以使过量的醇本身起共沸剂的作用，如丁醇与水在较低的温度下能形成一共沸物，其共沸点为 92.6℃，共沸物组成含水 37%、醇 63%，当温度达到一定时，共沸物汽化脱出系统，冷凝后可将其静止分层，分离除水以降低生成物的浓度，从而为达到反应平衡，促使反应向生成酯的方向进行。酯化反应与脱除水的速率成正比，反应的完全程度也就是酯的转化率，同反应生成水脱除的程度有关。因此生成水的脱除在酯化反应中是非常重要的。

3.3.2.3　反应温度

提高反应温度可以加快酯化反应速率，缩短达到平衡的时间。但反应后期温度过高，在酸性催化剂存在情况下，会引起副反应甚至产生焦化现象而使反应物着色，导致产品质量下降，同时可使回收醇质量恶化给正常循环使用造成很大困难，所以需要选择合适的反应温度。稳定反应温度的主要经验是：在保证产品质量和回收醇的正常循环使用前提下，酯化反应又能正常进行，采用较低的酯化温度。

根据生产实践，DBP 酯化反应在常压下其反应温度在 135～140℃为宜。为了缩短酯化反应时间，反应溶液沸腾后的反应温度尽快上升到 130℃以上，对于高沸点的醇类酯化反应。采用负压条件酯化以降低酯化终点温度，如 DOP 酯化反应在负压条件下，后期反应温度控制在不高于 145℃。

值得注意的是，一定要保证醇、酐的正常配比，若在反应后期，醇量不足，无法正常脱水，即使反应温度达到 150℃或 160℃也到达不了反应终点，反而使反应物色度加深。

3.3.2.4　压力

邻苯二甲酸酯的生产大多是均一的液相反应，一些产品可以不考虑压力因素。但 DOP 生产过程，由于 2-乙基己醇本身沸点高达 184℃，为了循环对流，保持较好的传热及与催化剂接触，用负压的方法可以降低其沸腾温度（2-乙基己醇压力影响沸点变化 0.044℃/mmHg，1mmHg=133.322Pa）。同时负压条件下也加速水分的脱除速度，其压力降低程度与水的脱除速度是有一定关系的。DOP 的酯化反应真空度一般不低于 0.092MP，DBP、DIBP 的反应压力应保持常压。

3.3.3　影响粗酯质量的主要因素

粗酯的质量主要是指它的色度问题，粗酯色度的深浅对产品能否达到产品质量标准影响极大，因此应着重分析影响粗酯色度的种种因素。尽管各生产厂家的酯化设备、工艺条件、操作不相同，但也有一定的共性，一般来讲影响粗酯色泽的因素主要有以下几点。

3.3.3.1　常用原料的质量

（1）苯酐　主要控制苯酐的外观色度与硫酸试验的色度，非酸性催化剂工艺还要控制苯酐的热稳定性指标。萘法苯酐在精制时，因缩合不完全、精馏不好，苯酐副产物 1.4-萘醌在 100℃时就能升华，易随精馏物料带入到苯酐成品中。邻法苯酐在催化剂后期也会有反应不完全，导致苯钛和一些杂酸高的现象，会影响到成品的质量。如果使用了这样的苯酐，酯化时粗酯色度呈淡绿色。因有些杂质微溶于水，虽经中和水洗而仍留在粗酯中，脱醇时亦有部分随过量醇蒸出来，影响回收醇的质量。所以，无论是酸性催化剂或非酸性催化，苯酐的原料检测项目除按国家标准检测外，根据产品的要求还要增加硫酸试验色度的检测。苯酐国家标准见表 3-13。

表 3-13　苯酐国家标准（GB/T 15336—2006）

项　　目		优等品	一等品	合格品
外观		白色鳞片状或结晶性粉末		白色微带其他色调的鳞片状或结晶性粉末
熔融色度（色度号）	≤	20	50	100
热稳定色度（色度号）	≤	50	150	—
硫酸色度（色度号）	≤	60	100	150
结晶点/℃	≥	130.5	130.3	130.0
纯度（质量分数）/%	≥	99.50	99.50	99.00
游离酸含量（质量分数）/%	≤	0.20	0.30	0.50
灰分（质量分数）/%	≤	0.05	—	

注：邻苯二甲酸酐允许使用标准为优等品、一等品。

（2）原料醇　醇类原料除控制外观色度和硫酸试验的色度外，还要严格控制不饱和物醛的含量，这些杂质在硫酸催化条件下，同样对酯的色度有恶劣影响，要严格按标准检测。如果有质量超标的原料需要使用，一定要通过技术人员，调整工艺配比和控制条件后才能使用，以免影响产品质量。需要说明的是，由于各种醇类国家标准检测指标较多，所以大多数生产厂家都是根据本企业产品的工艺要求定出检测项目和指标，并以此为依据制定出各企业原料的质量标准，包括一些辅助原料也是如此。只要检测项目能满足产品的生产需要就可以。下面所提供的几种原料检测标准均为企业质量标准，见表 3-14～表 3-16。

表 3-14　2-乙基己醇（辛醇）质量标准（YQB-01）

指标名称		指　　标		
		优等品	一等品	合格品
色度（铂-钴）		10	10	15
密度（20℃）/（g/cm³）		0.831～0.833	0.831～0.834	
2-乙基己醇含量/%		99.5	99.0	98.0
酸度（以乙酸计）/%	≤	0.01	0.02	
羰基化合物含量（以 2-乙基己醛计）/%	≤	0.05	0.10	0.20
硫酸显色试验（铂-钴）/号	≤	25	35	50
外观		无色透明液体，无悬浮物		

注：辛醇（2-乙基己醇）允许使用规格：优等品、一级品。

表 3-15　丁醇质量标准（YQB-02）

指标　　项目　　指标名称　等级指标		指　　标		
		优 等 品	一 等 品	合 格 品
外观		透明液体,无可见杂质		
色度(铂-钴)号	≤	10	10	15
密度(20℃)/(g/cm³)		0.809~0.811		0.808~0.812
硫酸显色试验(铂-钴)号	≤	20	40	—
正丁醇含量/%	≥	1.0	2.0	3.0
酸度(以乙酸计)/%	≤	0.003	0.005	0.01

注：丁醇允许使用标准为优等品、一等品。

表 3-16　异丁醇质量标准（YQB-03）

项　　目		指　　标	
		优 等 品	合 格 品
外观		无色透明液体,无可见杂质	
色度(铂-钴)号	≤	10	20
密度(ρ_{20})/(g/cm³)		0.801~0.803	
异丁醇含量/%	≥	99.3	99.0
酸度(以乙酸计)/%	≤	0.003	0.005

注：异丁醇允许使用标准为优等品。

（3）回收醇　回收醇的质量对酯化粗酯色度影响作用很大,特别是对以硫酸为催化剂的酯的合成影响更甚。这是因为在反应条件下,醇可以分子内脱水产生烯烃不饱和物,可以分子间脱水生成醚,也可以氧化生成醛。这些副产物均对酯化粗酯色泽有着恶劣影响,随着回收醇循环使用时间的加长,副产物含量相应增加,会严重影响产品质量,因此回收醇使用一定时间后,根据产品质量情况应进行更换。

使用回收醇应注意事项如下。

① 严格控制回收醇的酯含量,一般应低于 3%,目前行业内对 DBP、DOP 的回收醇通常是经过沉淀放掉下层水,直接用于酯化配料,因而对回收醇中含酯量必须加以注意。回收醇酯含量对酯化色泽的影响见表 3-17。

表 3-17　回收醇酯含量对酯化色泽的影响

回收醇酯含量/%	1	2	3	4	5	6	8	10	13
DOP 酯化色度(Pt-Co)	15	16.7	17.5	35	50	85	95	110	110

从表 3-17 可看出,回收醇酯含量高于 3%,酯化色度影响很大。因此,在脱醇工序脱去反应过量醇时应控制回收醇的酯含量,一定要低于 3%。

② 回收醇使用前水要分净。脱醇工序脱去反应过量醇采用汽提蒸馏方法。如果回收醇带水投到酯化釜中有以下几种不良后果。

a. 回收醇中的水以醇的正常配比一并投入酯化釜内,造成醇加入量的不足,破坏了酯化反应正常配比,致使后期酸度下降慢、反应液温度高、反应时间长、粗酯色度深。

b. 由于釜内有水,酯化反应初期蒸发量大,回流时间长,致使反应温度升的慢、反应时间长,粗酯色度加深。

c. 由于釜内有水,酯化反应初期操作难以控制,容易造成冲塔窜料,致使催化剂和酯容易从釜内窜至醇水分相器,造成釜内缺催化剂,使酯化反应时间延长、粗酯色度加深,也容易导致设备超压，物料蒸气夹带物料从系统中喷出造成跑料事故和烫伤事故。

综上所述，使用回收醇前一定要进行分水沉降，并将水放净。酯化投料前也要进行检查。

（4）硫酸 如前所述，硫酸以活性高、活化温度低、便宜及易得等优点被广泛使用作为 DBP、DIBP、DOP 等产品酯化反应的催化剂。但其最大的缺点则是催化选择性差而导致醚、醛不饱和物及硫酸酯的生成，对酯化粗酯色度及回收醇质量有恶劣影响。实践证明，硫酸的白度对酯化色度影响很大，应选用白度好的硫酸。呈黑色、茶褐色及茶色的硫酸严禁用于生产。为此，也应注意硫酸贮罐及加酸系统的干净，防止白度好的硫酸杂质炭化污染变深。浓硫酸质量标准见表 3-18。

表 3-18 浓硫酸质量标准（YQB-04）

指 标 项 目	指　标	
	优 等 品	一 等 品
硫酸含量/%　　　　　　　　　　≥	98.0	92.5

注：硫酸允许使用规格为优等品、一等品。

（5）钛酸四异丙酯 它是非酸催化剂的一种，也是目前使用最广泛的非酸催化剂之一，其活性高，使用量少，但价格较贵。由于该催化剂闪点为 12℃，属于甲级防爆产品，同时其在低于 17℃时易凝固，因此在使用和储存中应注意安全和保温。钛酸四异丙酯质量标准见表 3-19。

表 3-19 钛酸四异丙酯质量标准（YQB-05）

项　　目	指　标
外观	常温下无色透明或微黄色液体
TiO_2 含量/%	28.0±1.0

（6）活性炭 活性炭外观有棒状、颗粒状和粉末状等多种不同的形状，生产中使用的是粉末状活性炭，它是酯化系统内有效的色素吸附剂和助滤剂。其粒度要求 10～120 目。活性炭质量指标见表 3-20。

表 3-20 活性炭质量标准（YQB-06）

指 标 名 称	指　标
脱色力(次甲基蓝)/mL　　　　　　≥	10
水分/%　　　　　　　　　　　　≤	5.0
外观	黑色粉末

（7）中和用碱

① 液碱：NaOH 溶液，有些企业使用液碱中和，液碱在使用中一般要配成 0.5% 的稀碱液才能使用，否则极易引起皂化反应，大部分企业还是使用纯碱中和。液碱质量标准见表 3-21。

表 3-21 液碱质量标准（YQB-07）

指 标 项 目	指　标
	一 等 品
外观	无色液体
总碱量(以 NaOH 计)/%　　　　　　≥	38

注：液碱允许使用规格为一等品。

② 纯碱：Na_2CO_3 为固体白色粉末结晶，与酸起中和反应，易溶于水。根据不同的产品要求，使用时配成浓度为 $4\%\sim8\%$ 的水溶液，使用温度为 $70\sim80℃$。纯碱质量标准见表 3-22。

表 3-22　纯碱质量标准（YQB-08）

指　标　项　目	指　　　标		
	优　等　品	一　等　品	合　格　品
外观	结晶性粉末		
总碱量（以 Na_2CO_3 计）/% ≥	99.2	98.8	98.0

注：纯碱允许使用优等品、一等品。

3.3.3.2　酯化设备

(1) 材质　现在酯化釜大多用不锈钢材质，也有极少厂家使用搪瓷釜，但都是小型装置。用普通碳钢在酸性介质中容易生锈，酯化釜连续使用对粗酯质量影响还不明显，但如酯化釜间歇使用或间隔较长时间再用，在每次开车时，前几批的粗酯色度较深。另外还有一个原因，是普通碳钢设备不耐腐蚀，造成设备使用寿命短。相应的辅助设备酯化塔、换热器及分相器也应选用不锈钢材质，有些加热盘管和冷却管可采用紫铜管。现在大部分生产厂家酯化系统的设备包括：酯化釜、酯化塔、冷凝器、分相器等主要设备材质均采用 316L。

(2) 严密度　酯化系统设备在开车生产之前，一定要进行系统严密度的测试。将酯化系统在常温条件下用真空泵抽至真空，真空度要求达到 0.092MPa 以上才能投料开车。控制酯化设备系统的严密度是防止空气氧化使粗酯色度加深的主要措施之一。生产实践证明不管使用多好的原料，在高温（140℃左右）及酸性条件下，微量空气通过酯液进入釜内，粗酯色度加深的速率平均每 30min 20 号～30 号（Pt-Co）。如较明显的泄漏，粗酯色度可在半小时内由 45 号上升到 200 号以上。如果在缺醇、原料质量差、真空度低、液温度高、回收醇质量差的情况下，漏入空气使粗酯色度加深的程度更加严重，可达 500 号以上。值得注意的是，酯化设备经测试严密度合格后，在生产过程中，固定的连接一般不易泄漏，而搅拌或取样阀、出料阀等转动或经常开启部位，比较容易成为漏点，阀门操作时要注意关严，并观察是否有炭渣或其他杂物存留在阀内而影响阀门关不严，在停产检修时一定要拆卸这些阀门检查是否严密，或定期更换这些阀门。

3.3.3.3　操作方法

粗酯色度的加深除了原料带来的杂质以外，由于操作不当会增加副反应产物而使粗酯色度加深，尽管各企业生产工艺不完全一样，特别是对投固体苯酐的企业，有的是先生成单酯然后再打入酯化釜中加催化剂反应，有的是选择在一个反应釜内投料酯化。加醇方式上有的采用一次加醇，有的采用多次加醇，有的用搅拌，有的不用搅拌，还有些厂家采取通蒸汽代替搅拌，在回流方式上有的采用釜顶回流，有的采用釜底回流等。总之，根据引起粗酯色度加深的原因，操作中应注意的要点如下。

(1) 投料配比准确　不要在反应过程中补醇、补酸。使用回收醇时要将水放净，以免由于回收醇内含水，导致醇配比不足影响反应速率，造成酸度下降慢，反应时间长，色度深，同时还会导致升温时暴沸冲料，容易造成跑料和烫伤事故。因此在操作中要善于观察，不断积累经验，注意分相器出水情况，醇的回流量、液面沸腾情况，液温上升趋势等。及早判断是否缺醇，如果需要补醇时一定要补工业醇，不要补回收醇，以免高温条件下补醇，回收醇中带水容易造成釜内爆沸，既影响配比又容易造成事故。

（2）控制液温　反应温度升高，反应速率会加快，但同时也加速副反应，产生染色物。特别是在回收醇循环使用较长时间的情况下，更应控制酯化反应温度，例如，当辛醇的含醛量在 0.1% 左右时，将酯化液温控制在 135~140℃，一般不会影响产品质量，回收醇也可正常循环使用。如果酯化反应终点温度控制在 150℃ 时，就会导致产品色度加深，回收醇的色度也会加深，造成回收醇不能正常循环使用。一般情况下 DBP 和 DOP 的酯化终点液温控制在 (140±2)℃。在不用回收醇的情况下，最终酯化温度也不应超过 145℃。只要采取适当的措施，反应时间不会延长。

生产 DOP 时控制出料液温十分重要，酯化反应完毕，出料前酯化釜要将系统真空放至常压状态，酯液要迅速冷却到一定温度，否则酯液与大量空气接触，在高温的情况下被氧化成染色体。当物料液温在 90~100℃ 时，粗酯色度会从 40 号~50 号增至 70 号~80 号。因此要控制出料液温不超过 80℃。为了避免酯液在酸性的情况下长期与空气接触，有些厂家在真空情况下，在酯化釜的加热盘管和夹套直接通冷却水进行降温，可以起到防止粗酯色度加深的作用。

（3）料要打净　间歇酯化时，反应完毕料一定要打净，以避免残留在釜中的粗酯在空气中热氧化而使下一釜料色度加深，打料后由于反应釜的保温不易散热，釜内温度还是很高，应立即加入凉的原料醇，降低反应釜内温度，同时能对残留在釜壁的粗酯起到隔绝空气的保护作用，以保证下一釜料的质量，如果不能连续投料，且间隔时间较长，应将设备清洗干净再投料，防止第一釜料色度深。

（4）严格控制加酸浓度和加酸温度　为降低有染色影响的副产物生成率，应严格控制加硫酸时的酯化液温低于 80℃；硫酸浓度为 30%~50%；硫酸的加料配比量为 0.2%~0.25%（占总投料量的质量分数）。实践证明，严格采用稀硫酸且降低用量，不仅有利于粗酯色泽的降低，也有利于回收醇质量的改善。对于采用浓硫酸作催化剂的生产工艺，加酸温度的控制尤为重要。另外对于苯酐投固体料和液体料，加酸顺序也是不一样的。投液体苯酐时，要采用先投硫酸后投液酐，投固体苯酐时要先投苯酐后投硫酸，主要是防止加酸温度高影响物料的色度。

（5）投酐温度要适中　投苯酐温度（固酐）在液温 70~90℃ 为宜，如果温度低会造成苯酐难于尽快熔化而沉积在釜底，导致局部反应不完全，泵料时釜底不畅，疏通后继续酯化，反应时间长色度加深。如果温度高容易造成跑料及烫伤事故。

（6）严格初期操作　初期操作要稳，适当调节供气量和真空度，防止冲塔窜料、设备超压，造成醇不能正常冷却而被真空管抽走或随尾气排空，致使反应釜内缺醇，反应温度高时间长，使粗酯色度加深。

（7）始终保证醇回流管畅通　酯化过程中，醇水共沸物分水后经酯化塔底由釜顶或釜底回流到釜内，一般情况下，对投液体苯酐装置，可以采用釜顶回流方式，如果投固体苯酐应采取釜底回流方式，以起到醇与物料接触时间长，并起到釜底搅拌作用，促进釜底苯酐反应完全，这对酯化反应不安装搅拌的情况更为重要。同时也保证了酯化打料管路的畅通。

（8）缩短打料时间　避免酯化合格待后工序待罐现象，以减少合格粗酯与空气接触氧化色泽增深。

（9）酯化投料后要严格釜底通活蒸汽的操作　对投固体苯酐情况，釜底通活蒸汽有如下优点。

① 反应初期为非均相的固液反应，通过直接蒸汽可对物料直接供热加快升温，促使单酯尽快形成，由于单酯合成反应不受水的影响，故对反应无害。

② 对初期反应可起到蒸汽搅拌作用，促进酐与醇的接触，加快反应速率，这对酯化釜不安装搅拌的情况尤为必要。

③ 可以降低催化剂浓度，稀酸的催化活性高，有利于加快酯化反应速率。

④ 可促进釜底畅通，保证釜底回流和放料通畅。

釜底通蒸汽应注意以下几点。

① 通蒸汽时 DBP 液温 110～115℃，DOP 液温 125～130℃时停止，通蒸汽时间过长，水量大会影响酯化反应速率。

② 通蒸汽前要将通汽管路冷凝水放净，通汽后要关好阀门，防止由于阀门没关严，会影响双酯化反应的进行。

③ 通蒸汽时要控制好通汽量，通汽压力控制在 0.2～0.3MPa，DOP 通汽时要控制釜内真空为 -0.05MPa（表压），防止暴沸冲塔。

(10) 保证酯化冷凝冷却器冷却水的正常供给　化工生产中装置冷却水的正常供给是非常重要的，开车之前一定要提前开好冷却水，生产中要经常巡回检查冷却水的供给情况，以防止由于冷却水供给不足，造成设备起压、窜料，不凝醇水共沸物及醇从系统内流失，影响酯化釜内正常醇配比，严重的会造成跑料和烫伤或引起火灾事故发生。

3.3.4　酯化工艺条件

国内各生产厂家的酯化工艺条件不尽相同，归纳起来工艺条件如下。

(1) 配比

苯酐：辛醇 = 1：(1.9～2)（硫酸法、质量比）；

苯酐：辛醇 = 1：(2.2～2.5)（非酸法、质量比）；

苯酐：丁醇 = 1：(1.4～1.5)（质量比）；

苯酐：异丁醇 = 1：(1.3～1.4)（质量比）。

(2) 催化剂加入量（占总投料量的质量分数）和加入温度

浓硫酸加入量为 0.2%～0.3%；加入温度：≤80℃；

稀硫酸加入浓度 30%～50%；酸的加入量不变加入温度：≤80℃；

非催化剂加入量为 0.3%～0.5%；加入温度：170℃。

(3) 反应终点温度

DBP　≤142℃；

DIBP　≤140℃；

DOP　≤138～145℃（硫酸法）；

DOP　≤220～240℃（非酸法）。

(4) 全长反应时间

DBP　4～6h（不含投料和打料时间）；

DIBP　4～6h；

DOP　2～3h（硫酸法）；

DOP　3～4h（非酸法）。

(5) 搅拌转速　60～80r/min。

3.4　邻苯二甲酸酯的净化

3.4.1　中和、水洗工序

3.4.1.1　中和的目的和原理

（1）目的　酯化合成的粗酯，含有一定的酸度，这些酸度主要含有以下物质。

催化剂硫酸（H_2SO_4）、苯酐的水解产物邻苯二甲酸及邻苯二甲酸单酯，由于这些酸性物质的存在，会导致产品的酸度不合格，因此在这个工序必须把这些酸性物质去掉。利用中和反应原理将这些酸性物质中和生成盐和水，然后再经过水洗过程，将中和反应生成的盐类物质溶解在水中去掉。

（2）中和反应原理　碳酸钠与酯化催化剂硫酸进行中和反应，其反应式为：

$$Na_2CO_3 + H_2SO_4 \longrightarrow Na_2SO_4 + H_2O + CO_2\uparrow$$

由于酯化反应不完全，残存的邻苯二甲酸单丁酯及邻苯二甲酸与碳酸钠作用，分别生成邻苯二甲酸单丁酯钠盐和邻苯二甲酸二钠盐，其反应式为：

$$2\,\underset{\text{COOH}}{\overset{\text{COOC}_4\text{H}_9}{\bigcirc}} + Na_2CO_3 \longrightarrow 2\,\underset{\text{COONa}}{\overset{\text{COOC}_4\text{H}_9}{\bigcirc}} + CO_2\uparrow + H_2O$$

$$\underset{\text{COOH}}{\overset{\text{COOH}}{\bigcirc}} + Na_2CO_3 \longrightarrow \underset{\text{COONa}}{\overset{\text{COONa}}{\bigcirc}} + CO_2\uparrow + H_2O$$

（3）中和的副反应

① 皂化反应。中和温度过高，碱水浓度过大或碱量过多都会发生皂化反应，皂化的物料除了影响过滤速度外，还会影响物料的收率。其反应式如下：

$$\underset{\text{C}-\text{OC}_4\text{H}_9}{\overset{\text{C}-\text{OC}_4\text{H}_9}{\bigcirc}} + Na_2CO_3 + H_2O \longrightarrow \underset{\text{COONa}}{\overset{\text{COONa}}{\bigcirc}} + 2C_4H_9OH + CO_2\uparrow$$

② 水解反应。酯化反应的逆反应叫水解反应，在酸碱存在下都会发生水解反应，但在碱性条件下水解速率比酸性条件下水解速率要快得多，而且在碱性条件下的水解反应是不可逆反应。水解不仅造成酯的酸度增大，而且使会造成物料的损失，因此中和后应尽快进行酯的分离。水解反应式如下：

$$\underset{\text{C}-\text{OC}_4\text{H}_9}{\overset{\text{C}-\text{OC}_4\text{H}_9}{\bigcirc}} + 2H_2O \longrightarrow \underset{\text{COOH}}{\overset{\text{COOH}}{\bigcirc}} + 2C_4H_9OH$$

3.4.1.2　水洗

DBP 粗酯中和后，虽然经过多级沉降，物料中还会有夹带的盐类物质。这些盐类会影响产品纯度和体积电阻性能，因此要进行水洗除去这些盐分，提高产品的纯度。水洗的工艺条件和设备基本与中和条件相同。水洗的过程是一个纯的物理过程，没有化学反应发生。

3.4.2　脱醇工序

脱醇是一个醇和酯分离的过程，利用水蒸气蒸馏原理使酯化反应中过量醇与水形成共沸物蒸出，这是一个物理变化。但中和物料呈碱性或粗酯中含碱水，在操作温度下仍会发生酯的皂化反应，也可能发生酯的水解反应。由于水解，不仅造成酯的酸度增大，而且会使原料损失。

3.4.3 压滤工序

此工序是邻苯二甲酸酯生产成品精制的最后一个过程，脱醇后的物料，加入适量的活性炭进行脱色后，经压滤制得成品。压滤过程是以压滤泵为动力，通过密闭网板式压滤机或板框压滤机将物料中的活性炭及其他可见机械杂质去除，此过程是一个纯的物理净化过程，没有任何化学反应发生。

思 考 题

1. 制品对增塑剂的性能和要求有哪些？
2. 增塑剂的选择原则有哪些？
3. 增塑剂生产中影响粗酯的质量因素有哪些？
4. 增塑剂的质量对制品的影响有哪些？
5. 邻苯二甲酸酯的工序有哪几个？简单叙述其原理。
6. 简单叙述邻苯二甲酸酯的净化过程。

第4章　邻苯二甲酸二辛酯

4.1　生产原理及工序概述

4.1.1　产品性能及用途

本产品是一种性能较好的主增塑剂，由于它具有较好的相容性，较低的挥发性，较低的抽出性，较好的低温柔软性，良好的电气性能及对热和光的抵抗性。因此除广泛应用于聚氯乙烯薄板、薄膜、人造革、硝酸纤维素、合成橡胶工业外，还应用于电缆粒子制造，医疗器械等方面。

4.1.2　生产反应原理及工序概述

邻苯二甲酸二辛酯是由邻苯二甲酸酐与辛醇经酯化、中和水洗、脱醇、脱色过滤等过程而制成的。根据酯化过程中所采用的催化剂不同，分为酸性工艺和非酸性工艺。根据工艺流程的连续化程度，分为全连续、半连续和间歇式工艺。邻苯二甲酸二辛酯的生产工艺相对不太复杂，但是如果要保证产品的优质、低耗，而且产品的性能能满足一些特殊高端用户的需要，在生产工艺和设备方面还是有一定难度的。近年来随着聚氯乙烯、橡胶和塑料工业的发展，对产品的质量方面不断提出新的要求，因此，在生产工艺技术方面也需要不断创新。目前有两套实训装置：一套为酸法半连续化装置，一套为非酸法间歇装置，作为实训装置，半连续装置四个工序的单元操作比较典型，也更适用于教学，因此主要介绍这套装置。

4.1.2.1　酯化

（1）酯化反应　邻苯二甲酸二辛酯是以邻苯二甲酸酐和 2-乙基己醇（俗称辛醇）为原料，硫酸做催化剂，分两个阶段进行酯化反应。

第一步，是苯酐与辛醇反应生成邻苯二甲酸单辛酯的反应，此步反应进行很快，不需要催化剂，在 120～130℃时就可以完成（此步反应是放热反应）。

第二步，是单酯酸与辛醇生成双酯的反应，此步反应很慢，需在催化剂的作用下才能完成，是吸热反应。

该反应为可逆反应，平衡常数为：$K = K_1/K_2 = 6.95$（德国 BASF 公司测出数据）。

总反应式为：

$$\text{(邻苯二甲酸酐)} + 2C_8H_{17}OH \underset{K_2}{\overset{K_1}{\rightleftharpoons}} \text{(邻苯二甲酸二辛酯)} + H_2O$$

从上式可以看出，增加反应物浓度，降低生成物的浓度，都能使平衡向着生成物的方向转移，在实际生产中用辛醇过量来增加反应物浓度，提高苯酐的转化率。反应生成水与辛醇形成共沸物，从系统中脱除，以降低生成物的浓度，使整个反应向着有利于生成双酯的方向移动。酯化反应是典型的可逆反应。也就是说当反应体系生成一定量的二辛酯和水以后，二辛酯又和水起水解反应，转而生成单辛酯和辛醇，这就是为什么要在反应过程中尽快将水移除的原因。

(2) 催化剂 酸性催化剂（H_2SO_4）是传统的催化剂，它们的特性是催化活性高，活性温度低，一般在 135~145℃ 即有足够的催化活性，而且价格低廉、易得。其缺点是副反应多，从而导致反应混合物色度深和回收醇质量劣化，使产品的精制比较困难，同时对设备和管道腐蚀严重。

非酸性催化剂一般催化活性温度高，在 170℃ 以上才开始有足够的催化活性，酯化终点温度一般在 220~230℃，因此其加热热源用一般的低压蒸汽很难满足需用，多采用导热油炉，加热介质采用 280~300℃ 芳香烃或直链饱和烃导热油进行加热。近些年来，随着我国化学工业的发展及增塑剂市场对产品质量要求的不断提高，增塑剂的生产水平也有了较大的提高，二辛酯的生产工艺已经实现了大型化、连续化生产，非酸性催化剂工艺已逐步淘汰硫酸法生产工艺。

4.1.2.2 中和、水洗

(1) 中和 酯化合成的粗酯含有一定的酸度，这些酸度主要有下列物质：未反应完全的单酯酸、邻苯二甲酸和硫酸。

用 Na_2CO_3 和水溶液（也有用 NaOH 溶液），以离心泵为动力，将粗酯输入文丘里管，并顺而将碱吸入，在高速喷射下进行中和反应，将粗酯中的单酯酸、邻苯二甲酸、硫酸中和为单酯酸盐、二钠盐和硫酸盐，然后再进行水洗将中和过程生成的盐类溶于水中使其与物料分离。中和、水洗的操作温度为 70~80℃。

本工序的主要反应如下：

$$NaCO_3 + H_2SO_4 \longrightarrow Na_2SO_4 + CO_2\uparrow + H_2O$$

$$2\,\text{(邻苯二甲酸单辛酯 -COH)} + Na_2CO_3 \longrightarrow 2\,\text{(邻苯二甲酸单辛酯钠盐 -C Na)} + CO_2 + H_2O$$

$$\text{(邻苯二甲酸 -COH -COH)} + Na_2CO_3 \longrightarrow \text{(邻苯二甲酸二钠盐 -C Na -C Na)} + CO_2 + H_2O$$

中和反应如果控制不好会发生酯的水解反应和皂化反应。酯化反应的逆反应是水解反应，在酸碱存在下都会发生水解，但在碱水存在下水解速率比酸性水解速率大得多，且为不可逆反应。因此中和后应尽快进行酯和碱水的分离。

（2）水洗　粗酯中和后，物料含有吸附和夹带的盐类物质，这些盐类物质能影响二辛酯的纯度和体积电阻性能，所以必须要去除这些盐分，提高产品纯度。水洗过程是个物理过程，没有化学反应发生，水洗操作温度一般控制在 80～90℃。

（3）脱醇　二辛酯的生产工艺中，在酯化反应中加入了过量的辛醇，因此中和、水洗后的粗酯中，含有一定量的水和过量辛醇，需进一步脱除，方法是在负压条件下，在脱醇塔底部通入直接过热蒸汽（280～300℃，蒸汽量为 DOP 的 5%～15%），利用水蒸气蒸馏原理将粗酯中的水、过量辛醇及部分低沸点杂质去除，得到闪点合格的粗酯。在脱醇过程中粗酯连续进入，连续采出轻组分醇、水及部分低沸点杂质和重组分酯。该过程是一个物理过程，但如果前一工序中碱水未洗净，会发生酯的水解反应。

（4）吸附过滤　在脱色釜中，将活性炭加入脱醇后的粗酯中，利用活性炭的多孔性，将粗酯中的色素，可见絮状物杂质吸附，然后经过密闭式网板压滤机过滤后得到合格的产品。

（5）回收醇　酯化反应中的过量醇，经脱醇塔脱出后，收集到回收醇贮罐中，再经过沉降、放水，可回到酯化循环使用。

（6）废水　生产过程中产生废水的部位有以下几个部分。

① 酯化——酯化反应生成水（中性）。

② 中和——中和、水洗物料的废碱水（碱性）。

③ 脱醇——醇水共沸所需的汽提水（中性）。

④ 做卫生冲地水。

以上四部分水集中到一起后，进入废水处理装置经隔油、沉降处理后排放。

4.1.3　生产主要设备介绍

4.1.3.1　酯化工序

（1）酯化釜　酯化釜是间歇酯化工艺的通用设备。通常其结构特点为：立式，内装加热盘管，带搅拌，大多是桨式搅拌。投料在釜顶，出料在釜底，本实训装置采用的是釜内插入探底管侧出料。材质一般选用 1Cr18Ni9Ni。如釜内加热盘管面积不够，也可以在釜外做夹套或伴热管。釜内加伴热盘材质可以是不锈钢、铜或 316L 材质，耐酸腐蚀材质钼二钛可延缓无机酸腐蚀，延长设备使用寿命，应是理想选材，但其价格较高。由于设备比较小，釜内加热盘管为一层，加热介质为蒸汽，非酸法反应加热介质为导热油，加热方式为电加热导热油炉。

（2）酯化塔（辅助设备）　酯化塔是酯化釜的附属（辅助）设备。主要作用是使共沸物冷凝、冷却、分水后的醇，经酯化塔填料从塔低回流到反应釜中的回流醇不含水，也可以说是回流醇的精馏塔。其结构为填料塔，填料多为拉西环、鲍尔环及阶梯环或不锈钢波纹板规整填料。回流醇从塔上部进入分配器，均匀分布下流，靠共沸物热量将水移除塔外。

材质：塔体选用 1Cr18Ni9Ti。填料可选不锈钢或陶瓷，但建议尽量不选用陶瓷材料，因其强度差、易碎，堵塞塔及回流管路，易造成打料管堵塞，如果工艺要求选用陶瓷填料，建议选用陶瓷波纹板规整填料，不论是塔效还是强度都要好一些，本装置使用的是 $\phi25\text{mm} \times 25\text{mm}$ 的不锈钢鲍尔环。

（3）冷凝冷却器（辅助设备）　在工艺中既有冷凝又有冷却作用的换热器，称之为冷凝冷却器，只起冷却作用的称为冷却器，在酯化反应中冷凝冷却器是保证醇水共沸物从酯化塔顶导出后经冷凝后变成液体，再经冷却降温使醇和水的混合物进入分相罐分水的设备。大多数是用水作换热介质，物料走管程，水走壳程，逆流换热，冷却水下进上出。本装置选用的是列管式单管程冷凝冷却器，水平放置，列管尺寸为 $\phi20mm\times2.5mm$，列管和外壳材质均为 1Cr18Ni9Ti。

（4）分相罐（辅助设备）　分相罐也可以称为分相器，主要作用是从系统中移除反应水，加快反应速率。是酯化反应的附属设备。为使分水效果更好，设备内加有挡板，醇水混合物的进口和醇的回流口在挡板的两侧，设备的材质为 1Cr18Ni9Ti。分相器分水方式有两种形式，即连续分水和间歇分水，本装置使用的是间歇式分相器。连续式分相器适用于连续酯化装置。

4.1.3.2　中和水洗工序（连续中和）

（1）文丘里管（管式反应器）　以机泵或压缩空气为动力将粗酯输入文丘里管，并顺而将碱水吸入，在喉管混合并在高速喷射下进行中和反应。然后进入中和旋液分离器及重力沉降罐等设备，利用碱水和物料的密度差异进行分离。

（2）中和条件　粗酯：碱＝4：1～5：1（体积比）。

（3）水洗条件　粗酯：水＝4：1～5：1（体积比）。

4.1.3.3　脱醇工序（连续脱醇）

（1）脱醇塔　脱醇塔是脱醇的主体设备，在负压条件下，在塔底通入 280～300℃过热蒸汽，利用水蒸气蒸馏原理，把酯化反应的过量醇脱出。脱醇塔的结构一般为夹套式填料塔，物料从塔上部进入与自下而上的过热蒸汽逆流接触进行热传质，脱醇合格后的酯从塔底导出，进入酯收集罐，脱出的醇水混合物从塔顶进入冷凝冷却器，变成液态，收集到醇水收集罐内。为了保证脱醇的温度，脱醇塔的夹套内通入蒸汽加热保温。塔内填料选用 $\phi25mm\times25mm$ 不锈钢鲍尔环，塔体和夹套材质为 1Cr18Ni9Ti。一般情况下，也可以选用不锈钢波纹板规整填料，塔体选用不锈钢，夹套为碳钢即能满足工艺要求。这套装置的塔体及外套全部为不锈钢材质。此塔为压力容器，使用中需要定期检测。

（2）脱醇预热器　脱醇预热器是脱醇塔的附属设备，是为了保证脱醇粗酯的温度在进塔前先进行预热并去掉部分低沸物。在一般情况下，预热器为列管式预热器，管内走料，管间走蒸汽。列管材质为 1Cr18Ni9Ti、外皮为碳钢。现在的设备全部为不锈钢材质。此设备为压力容器，使用中需要定期检测。

4.1.3.4　脱色工序

（1）脱色釜　脱色釜的作用是脱醇合格的物料在脱色釜内加入活性炭脱色，然后再经过过滤，得到成品，因此釜内有搅拌，为保证物料过滤温度，釜内有加热盘管，加热介质为蒸汽，物料在釜内加热到 90～100℃即可，因此加热面积不需要太大。一般情况下，釜内加热管材质为 1Cr18Ni9Ti，釜体材料为碳钢。目前这台脱色釜全部为不锈钢材质。

（2）压滤机　此设备是压滤工序的主要设备。压滤机的形式一般常用的有三种，一种为传统型板框压滤机，另外一种为密闭式网板压滤机，还有一种为密闭圆盘式压滤机。后两种是新型压滤机，本装置选用的是密闭式网板压滤机，材质：内网板和外皮均为不锈钢 1Cr18Ni9Ti。

4.1.3.5　填料

（1）填料的作用　通过上升蒸气沿着填料的空隙由下而上的流动，塔顶下流的物料沿着填料表面自上而下的流动，蒸气与液体接触进行热量和物质的交换。它是借助填料表面形成较薄的液膜来进行的。因此填料是酯化塔、脱醇塔必不可少的组成部分。

（2）填料的种类　填料分规整填料和散填料两种。规整填料常用的有不锈钢波纹板填料，材质有不锈钢和陶瓷两种，一般均选用不锈钢填料，因陶瓷填料易碎，只在特殊要求时才选用。散填料中又分为：拉西环、鲍尔环、十字环、单螺旋环、马鞍环填料等。增塑剂行业多采用拉西环和鲍尔环。但鲍尔环比拉西环阻力低、效率高、操作弹性大，尤其适用于负压操作，因此，现行业已很少有用拉西环的。在材质上，有不锈钢和陶瓷两种，本装置选用的为 $\phi 25mm \times 25mm$ 不锈钢鲍尔环填料。

4.2 生产工艺规程

4.2.1 物料基本性质和质量标准

4.2.1.1 产品的质量指标

产品现行质量标准见表 4-1。

表 4-1 产品现行质量标准（GB/T 11406—2001）

项　　目		指　　标		
		优　等　品	一　等　品	合　格　品
色度(Pt-Co)/号	≤	30	40	60
纯度/%	≥	99.5	99.0	
密度(20℃)/(g/cm³)		0.982—0.988		
酸度(以苯二甲酸计)/%	≤	0.010	0.015	0.030
水分/%	≤	0.10	0.15	
闪点/℃	≥	196	192	
体积电阻率/×10⁹Ω·m	≥	1.0	1.0	—

备注：根据用户需要，由供需双方协商，可提高体积电阻率指标。

4.2.1.2 所用原料的理化性质以及储运和使用时注意事项

（1）主要原料的理化性质

① 邻苯二甲酸酐（俗称苯酐）。

分子式：$C_8H_4O_3$。

相对分子质量：148.12。

结构式：

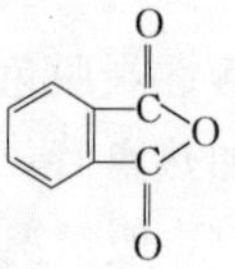

外观及性状：外观为白色或微带其他色调的鳞片状或结晶粉末，有吸水性，水解成邻苯二甲酸，本品难溶于冷水，溶于乙醇、乙醚、苯和氯仿等有机溶剂。可燃，遇明火、高温、强氧化剂有燃烧的危险，易升华，储运时应避免受潮及燃烧。

熔点：131.2℃。

闪点：165℃（开口）。

自燃点：570℃。

沸点：295℃。

密度：1.202g/cm³（140℃）。

蒸气压：0.13kPa（96.5℃）。

爆炸极限：1.7%～10.4%。

最小爆炸浓度：0.015g/L。

② 2-乙基己醇（俗称辛醇）。

分子式：$C_8H_{17}OH$。

相对分子质量：130.23。

结构式：$CH_3—(CH_2)_3—\overset{\overset{\displaystyle C_2H_5}{|}}{CH}—CH_2—OH$ 。

外观及性状：无色透明无悬浮物油状液体，有特殊气味，微溶于水，能与大多数有机溶剂混溶。对眼结膜及鼻膜有刺激性。本品可燃，遇明火、高热和氧化剂有发生燃烧的危险，储运时应注意以上特性。

相对密度：0.834（20℃）。

黏度：10cp（20℃）。

凝固点：-76℃

沸点：183.5℃。

闪点：81.11℃。

折射率：1.4328

比热容：2.3614 [kJ/(kg·℃)]。

受温度影响密度 d_4^{20} 的变化：0.00073/1℃。

体积膨胀系数（10～20℃）：0.00088/℃。

汽化潜热：410.3J/(g·℃)。

溶解度（20℃）：辛醇在水中 0.1%（质量分数）。

　　　　　　　水在辛醇中 2.6%（质量分数）。

共沸组成（760mmHg）：

　　　　　　　醇 20%，水 80%；共沸点为 99.1℃；

　　　　　　　醇 42.1%，水 57.9%；共沸点为 96.7℃。

（2）辅料的理化性质

① 硫酸（H_2SO_4）。透明油状液体，含量大于 92%，凝固点低于-10℃，有强腐蚀性。能与很多金属发生反应生成盐，同时放出氢气，与水混合时放出大量的热。蒸气压 0.13kPa（1mmHg，145.8℃）。本品遇木屑、稻草、有机物等能引起炭化，甚至燃烧，储运时应注意以上特性。

② 纯碱。分子式：Na_2CO_3；相对分子质量：106；物化性质：白色粉末状结晶，与酸起中和反应，易溶于水。

③ 活性炭。外观及性状：黑色粉末、粒状或棒状固体，有很强的吸附性和脱色性。本装置使用的是粉末状活性炭，因其比表面积大，吸附效果好，同时活性炭在工艺中还起到助滤剂的作用。活性炭的原料也是不一样的，有核桃皮炭、椰壳炭，大多数是木炭，活性炭有一定的选择性，需根据不同产品要求选用不同的活性炭。

4.2.1.3　原料使用和储运时的注意事项

（1）2-乙基己醇　应注意储存于通风仓库内，远离火种、热源，应与氧化剂分开存放。

（2）苯酐　储存于通风干燥的仓库内，远离火种、热源，应与氧化剂隔离存放。

（3）钛酸四异丙酯　应存放在阴凉通风处，密封保存，与氧化剂等隔离存放，由于该物质闪点为 12℃，属甲级防爆品，但凝固点较高，应注意选择好保温方式并做好保温。

说明：原料使用标准中苯酐执行的是国家标准，辛醇、活性炭、纯碱等辅助原料，因不需要做全项检验，可根据生产需要制定相应的企业标准。

4.2.2　反应原理及工艺条件和工艺流程

4.2.2.1　反应原理

（1）酯化工序

① 主反应。此工序主要反应是酯化反应即苯酐和辛醇在催化剂硫酸的作用下，通过加热生成邻苯二甲酸二辛酯和水。反应分两步进行。

第一步，苯酐和辛醇反应生成邻苯二甲酸单辛酯，以下式表示：

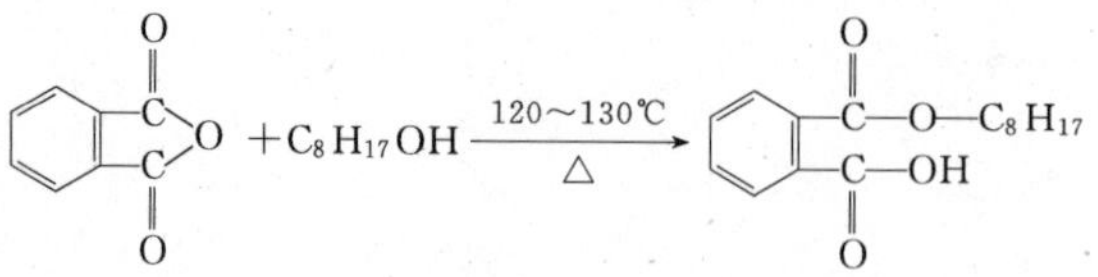

此步反应不需要在催化剂作用下即可进行，温度在 $120\sim130℃$ 时反应可以基本完成。

第二步，邻苯二甲酸单辛酯和辛醇反应生成邻苯二甲酸二辛酯和水，以下式表示：

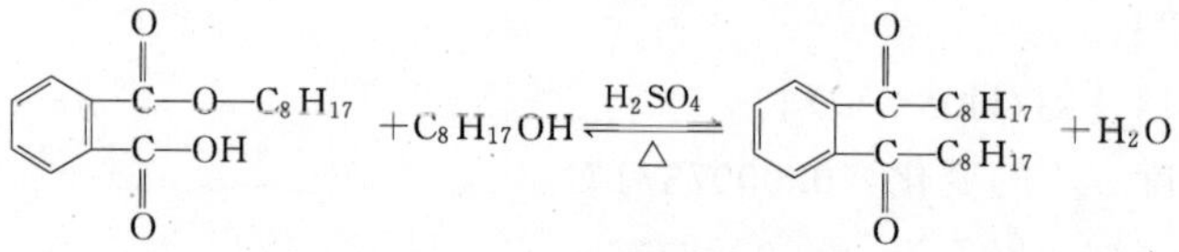

此步反应需要在催化剂的作用下进行，反应终点液温 $140\sim145℃$ 在减压条件下，可以基本完成。

酯化反应的总反应式为：

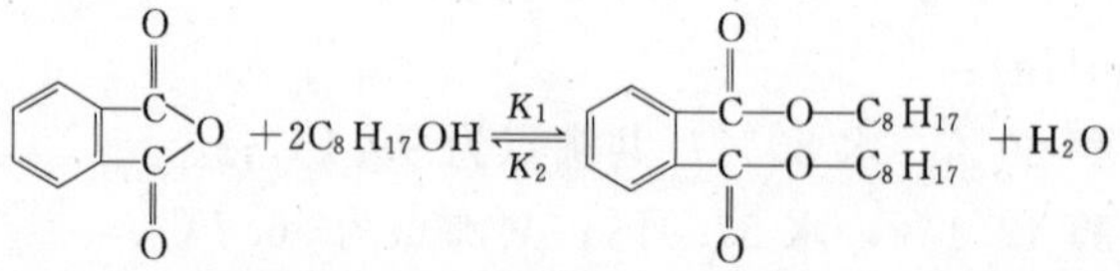

此反应为一可逆反应，为使反应尽快向形成酯的方向进行必须将反应过程中生成的水迅速从反应体系中移出（移除水比移除酯来得容易，且有利于提高原料苯酐利用率）。

② 副反应。由于有催化剂硫酸的存在会导致有许多副反应发生如下。

a. 烯烃的生成：在硫酸的存在下，辛醇分子内脱水生成不饱和物烯烃（表现为回收醇碘值的升高）。

$$C_8H_{17}OH \xrightarrow{H_2SO_4} C_8H_{16} + H_2O$$

b. 醚的生成：辛醇在硫酸的存在下，分子间脱水，生成醚。

$$2C_8H_{17}OH \xrightarrow{H_2SO_4} H_2SO_4 \quad C_8H_{17}OC_8H_{17} + H_2O$$

c. 醛的生成：

$$C_8H_{17}OH + H_2SO_4 \longrightarrow C_7H_{15}CHO + SO_2 + 2H_2O$$

d. 硫酸酯的生成：

$$C_8H_{17}OH + H_2SO_4 \longrightarrow C_8H_{17}HSO_4 + H_2O$$

$$C_8H1_{17}HSO_4 + C_8H_{17}OH \longrightarrow C_8H_{17}SO_4C_8H_{17} + H_2O$$

e. 硫酸盐的生成：硫酸与铜、铁设备及管路发生作用，生成硫酸铜和铁盐。反应中的单辛酯与铁、铜设备及管路发生作用，生成羧酸铜和羧酸铁盐。

　　总之，由于硫酸具有很强的氧化性和脱水性，在反应过程中，伴随着主反应的进行，同时会伴有副反应发生。而酯化反应中副反应生成的产物是比较复杂的，虽然数量很小，但是这些副产物对粗酯的质量和回收醇的质量影响较大。由于硫酸的存在，在反应中对原料辛醇和苯酐及其杂质的炭化现象也是存在的，因此很容易造成粗酯的色度加深。

　　(2) 中和水洗工序　将酯化粗酯中的酸性物质，用纯碱水溶液中和，使其达到产品酸度的要求。

　　① 本工序的主要反应如下。

　　a. 由于酯化反应不完全，残存的邻苯二甲酸单辛酯与碳酸钠作用生成邻苯二甲酸单辛酯钠盐。

　　b. 反应中残存的邻苯二甲酸与碳酸钠作用，生成邻苯二甲酸二钠盐。

　　c. 碳酸钠与催化剂硫酸进行中和反应，生成硫酸钠和水。

　　其反应式如下：

$$Na_2CO_3 + H_2SO_4 \longrightarrow Na_2SO_4 + CO_2 + H_2O$$

　　② 中和副反应。

　　皂化反应：中和温度过高，碱液浓度过大或是碱过量都会发生皂化反应，生成邻苯二甲酸二钠盐。

　　(3) 脱醇工序　脱醇是一个醇、酯分离的过程。利用辛醇和酯沸点差距较大来进行醇与酯的分离，这是一个物理过程。如果中和后的物料呈碱性或粗酯中含有碱水，在操作温度下，仍然会发生酯的皂化反应，也可能发生酯的水解反应。酯的水解反应，也就是酯化反应的逆反应。由于水解不仅造成物料的酸度增大，也会造成物料的损失。

　　(4) 压滤工序　此工序是二辛酯成品精制的最后一个过程，通过密闭网板式压滤机将成品中的活性炭及其他机械杂质除去制得成品，此过程是一个纯物理净化过程，没有任何化学反应。

4.2.2.2　工艺条件 (包括物料配比、反应参数等)

　　(1) 酯化工序

　　① 一次作业投料量。一次作业投料量 (kg) 如下。

苯酐	工业辛醇	回收辛醇	工业浓硫酸
120	210	66	1.1

② 工艺条件。投料顺序如下。

投液体苯酐时：先放醇，开搅拌加催化剂、后投苯酐；

投固体苯酐时：先放醇，开搅拌投苯酐、后加催化剂；

放醇后釜内液温 80～85℃；

加酸温度不超过 85℃；

加热蒸汽压力≤0.6MPa；

釜内真空度≥0.092MPa；

反应终点温度 140～145℃。

(2) 中和水洗工序

① 碱水浓度：4%。

② 工艺条件如下。

中和粗酯温度：	70～80℃；
碱液温度；	70～80℃；
中和泵压力：	0.3MPa；
粗酯流量：	500kg/h；
碱流量：	200kg/h；
水洗流量：	300kg/h；
水洗温度：	80～90℃。

③ 脱醇工序。

预热器液相温度：	100～120℃；
过热蒸汽温度：	280～300℃；
通活蒸汽时塔内真空度：	0.072～0.074MPa；
脱醇塔顶汽相温度：	140～145℃；
加热蒸汽压力：	≤0.6MPa；
粗酯流量：	500～600kg/h。

④ 压滤工序。

粗酯温度：	90～100℃；
压滤泵压力：	0.3MPa。

脱色釜加活性炭量根据粗酯色度而定，活性炭除起到脱色作用外，还起到助滤剂的作用。

4.2.2.3　物料配比、反应条件选择

(1) 酯化工序　酯化反应是可逆反应，且反应速率较慢，为加快反应速率，在反应体系中加入硫酸或钛酸四异丙酯作催化剂，同时投加过量辛醇，使化学平衡向生成酯的方向移动。辛醇与体系中的水形成共沸，可将水从反应体系中移除，有利于酯的生成。但过量醇太多会造成反应温度过低，因此要选择合适的配比。

酯化反应温度过高，将会增加副反应，影响酯化粗酯及回收醇质量，导致原料消耗上升，因此酯化反应终点温度不可过高。由于辛醇沸点较高（为 183.5℃），催化剂硫酸在较高温度下副反应会增加，为降低反应温度，故采取减压酯化。在负压条件下，可加速水的脱出和减少物料和空气中氧的接触，保证物料的色度。

(2) 中和水洗工序　酯化打料的方式为真空输料，粗酯温度过高会增加原料消耗，因此

打料过程中需经过冷却后物料达到中和的操作温度。如果中和温度过高，碱液浓度大或碱量过大都容易发生酯的皂化反应，不仅增大了原料消耗，也使过滤困难。但中和温度过低或碱液浓度不足，会造成中和效果不好，物料酸度高，碱水和物料分离不好，给脱醇工序造成困难。

中和后的物料里含有部分盐类物质，要马上进行水洗。水洗水量不足，不能使物料中的盐类物质充分溶于水中，降低了产品的电性能，也使物料过滤困难。但水量过大，会增加工艺废水的排放量，增加了废水处理的成本，也不符合清洁生产的要求。

（3）脱醇工序　脱醇后的物料中仍含有酯化反应中加入的过量辛醇，辛醇沸点较高，为在较低温度下分离物料中的过量醇，因此脱醇操作需要在减压条件下进行，利用水蒸气蒸馏的原理将过量醇脱掉。塔底通气量过大会降低系统真空度，而通入量过小会影响脱醇效果使闪点不易合格，因此通气量要适当。

（4）压滤工序　活性炭可吸附物料中的着色物质，改善最终产品色度，同时活性炭在过滤中也起到也起到助滤剂的作用，因此要根据物料的色度情况调整加活性炭量。

4.2.2.4　工艺流程

（1）工艺流程图　酯化工序工艺流程见图 4-1，中和水洗工序工艺流程见图 4-2，脱醇工序工艺流程见图 4-3，压滤工序工艺流程见图 4-4。

（2）工艺流程叙述　本工艺流程是以硫酸为催化剂，以苯酐和辛醇为主要原料，酯化合成邻苯二甲酸二辛酯粗酯，并经一系列精制处理制得合格产品的生产过程。本流程为半连续化生产。主要工序依次为酯化、中和水洗、脱醇和压滤。

酯化反应在间歇酯化釜中减压进行，热源为低压饱和蒸汽。过量的辛醇和苯酐反应生成的水与过量辛醇共沸受热汽化，经填料塔上升至冷凝冷却器转变为液态。醇水混合物收集到分相罐内，其上层辛醇回流入塔内，与上升的气态醇水混合物换热传质；分相罐下层水在酯化完成后排至中和碱水沉降罐。回流醇采取釜顶回流方式，返回釜内继续参加反应。

酯化合格的粗酯用真空出料的方式经过打料冷却器打往中和粗酯罐。利用离心泵抽出后经过文丘里管与碱液充分混合，粗酯内酸性物质大部分被中和。旋液分离器和中和重力沉降罐将碱水与物料分离。粗酯再与水混合后水洗，水洗旋液分离器和水洗沉降罐将水与物料分离后，酯进入脱醇粗酯罐，中和水、水洗水一起进入碱水沉降罐内。

脱醇粗酯经过转子流量计投入减压的脱醇系统，首先在列管式换热器内预热。部分汽化的辛醇和水由预热器上部气室分出，粗酯则由塔顶进入填料脱醇塔，与自下而上的过热水蒸气逆流换热传质。脱醇合格的酯从塔底进入酯收集罐，真空输料至脱色粗酯罐。醇和水在塔顶分出并在列管冷凝器内转变为液态，收集于醇水收集罐内，静置分层，回收醇返回酯化工序继续使用，分出的水进入碱水沉降罐内。

以上三个工序的废水，酯化水、中和水、水洗水、脱醇水一起进入碱水沉降罐内沉降并与物料分离，然后排入污水处理装置。

为除去酯中所含的机械杂质（活性炭、铁锈等），使产品最终达到产品标准要求，最后一道工序为压滤。脱醇后的粗酯进入脱色釜中根据物料的色度情况，加入适量的活性炭，利用活性炭的多孔性，将粗酯中的色素，可见絮状物杂质吸附，降色后通过密闭式网板压滤机进行压滤，压滤成品收于收集罐中，经检验合格后再打入成品罐。

酯化工序

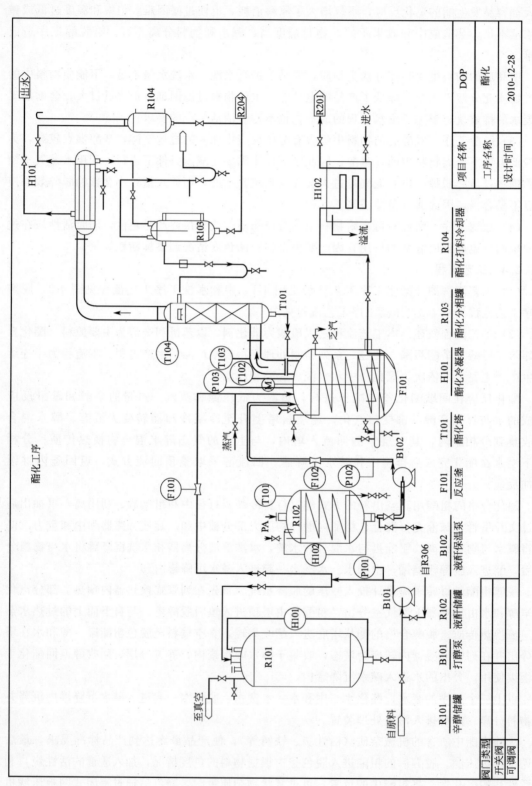

图 4-1 酯化工序工艺流程图

	项目名称	DOP
	工序名称	酯化
	设计时间	2010-12-28

R101	辛醇储罐
B101	打醇泵
R102	液酐储罐
B102	液酐保温泵
F101	反应釜
T101	酯化塔
H101	酯化冷凝器
R103	酯化分相罐
R104	酯化打料冷却器

阀门类型	
开关阀	
可调阀	

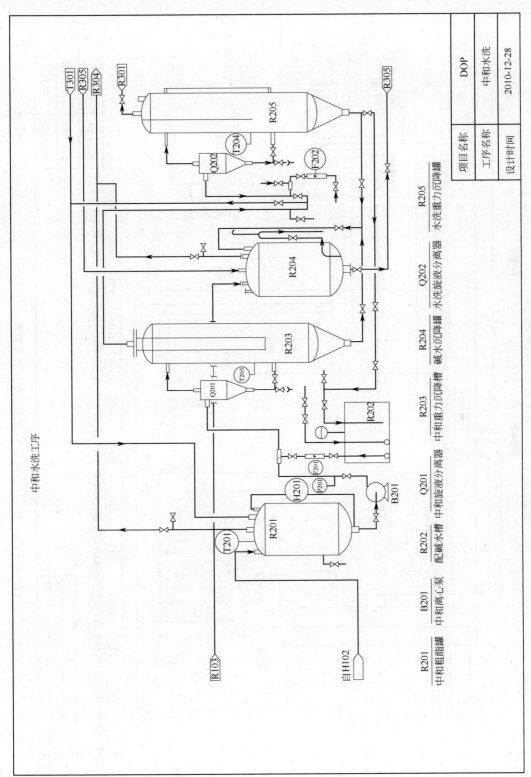

图 4-2　中和水洗工序工艺流程图

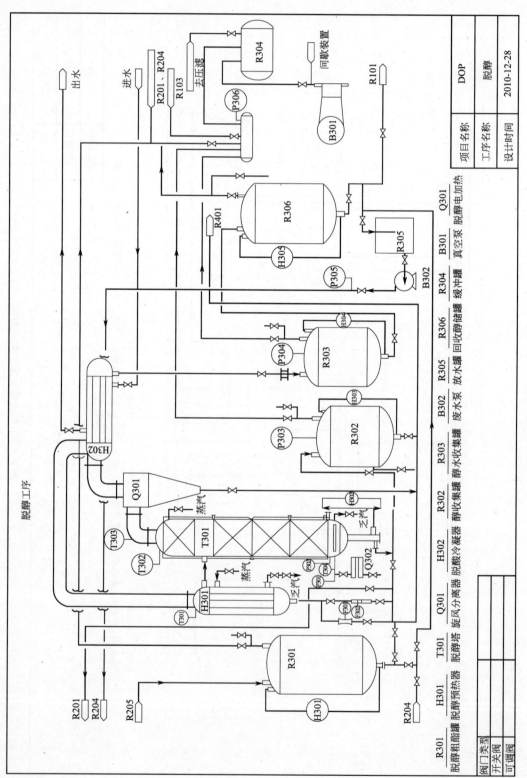

图 4-3 脱醇工序工艺流程图

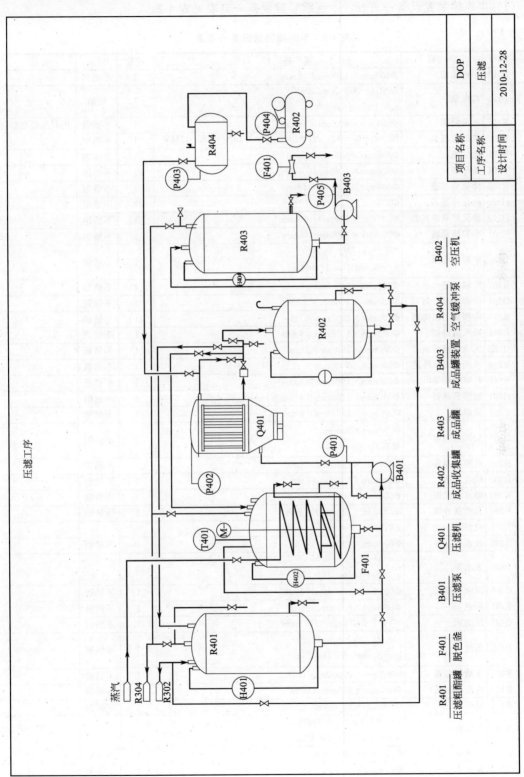

R401	F401	B401	Q401	R402	R403	B403	R404	B402
压滤粗酯罐	脱色釜	压滤泵	压滤机	成品收集罐	成品罐	成品罐装置	空气镀冲泵	空压机

图 4-4　压滤工序工艺流程图

4. 2. 2. 5　工艺设备及仪表

（1）半连续装置设备一览表　半连续装置设备一览表见表 4-2。

表 4-2　半连续装置设备一览表

序号	编号	名　称	规　格　型　号	数量	材质	备注
1	R101	辛醇储罐	$\Phi800mm\times1200mm\times6mm$	1	不锈钢	
2	B101	打醇泵	25SG3—20　$N=0.55kW$ $q_V=2m^3/h$　$h=20m$	1	碳钢	
3	R102	液酐储罐	$\Phi800mm\times600mm\times4mm$	1	不锈钢	内有加热盘管
4	B102	液酐保温泵	IR—25—25—125　$H=20m$　$q_V=3.2m^3/h$　$N=1.5kW$	1	不锈钢	
5	F101	酯化釜	$\Phi800mm\times800mm\times6mm$	1	不锈钢	
6	T101	酯化塔	$\Phi300mm\times1000mm\times4mm$	1	不锈钢	
7	R103	酯化分相罐	$\Phi300mm\times800mm\times4mm$	1	不锈钢	
8	H101	酯化冷凝器	$\Phi300mm\times1200mm\times4mm$	1	不锈钢	
9	H102	酯化打料冷却器	$\Phi600mm\times1000mm\times4mm$	1	不锈钢	
10	R201	中和粗酯罐	$\Phi600mm\times1000mm\times6mm$	1	不锈钢	
11	B201	中和离心泵	25F—41　$N=3kW$ $q_V=3.6m^3/h$　$H=41m$	1	不锈钢	
12	R202	配碱水槽	$\Phi500mm\times600mm$	1	不锈钢	
13	Q201	中和旋液分离器	$\Phi200mm\times350mm\times3mm$	1	不锈钢	
14	R203	中和重力沉降罐	$\Phi400mm\times2000mm\times3mm$	1	不锈钢	
15	R204	碱水沉降罐	$\Phi600mm\times1000mm\times6mm$	1	不锈钢	
16	Q202	水洗旋液分离器	$\Phi200mm\times350mm\times3mm$	1	不锈钢	
17	R205	水洗动力沉降罐	$\Phi400mm\times2000mm$	1	不锈钢	
18	R301	脱醇粗酯罐	$\Phi600mm\times1000mm\times6mm$	1	不锈钢	
19	H301	脱醇预热器	$\Phi300mm\times1200mm\times4mm$	1	不锈钢	
20	T301	脱醇塔	$\Phi300mm\times1500mm\times4mm$	1	不锈钢	
21	Q301	旋风分离器	$\Phi300mm\times300mm$ 锥高 600mm	1	不锈钢	
22	H302	脱醇冷凝器	$\Phi300mm\times1200mm\times4mm$	1	不锈钢	
23	R302	酯收集罐	$\Phi600mm\times600mm\times6mm$	1	不锈钢	
24	R303	醇水收集罐	$\Phi600mm\times600mm\times6mm$	1	不锈钢	
25	R304	真空缓冲罐	$\Phi400mm\times500mm\times4mm$	1	不锈钢	
26	B301	真空泵	ZX-30A　$N=3kW$	1		
27	R305	放水罐	$\Phi500mm\times600mm$	1	不锈钢	
28	B302	废水泵	25SG3-20　$N=0.55kW$ $q_V=3.6m^3/h$　$H=20m$	1		
29	R306	回收醇储罐	$\Phi600mm\times1000mm\times6mm$	1	不锈钢	
30	F401	脱色釜	$\Phi800mm\times800mm\times6mm$	1	不锈钢	
31	Q401	压滤机	NYB-2 $\Phi400mm\times1400mm$	1	不锈钢	
32	B401	压滤泵	25F-25　$N=1.5kW$ $q_V=3.6m^3/h$　$H=25m$	1	不锈钢	
33	R401	压滤粗酯罐	$\Phi600mm\times1000mm\times6mm$	1	不锈钢	
34	R402	成品收集罐	$\Phi600mm\times600mm\times6mm$	1	不锈钢	
35	R403	成品罐	$\Phi800mm\times1200mm$	1	不锈钢	
36	B402	空压机	V-0.67/7　$P=0.7MPa$ $N=5.5kW$　$V=0.67m^3$	1		
37	R404	空压缓冲罐	$\Phi400mm\times500mm\times6mm$	1	不锈钢	
38	Q302	脱醇电加热	$\Phi108mm\times450mm\times4mm$	1	不锈钢	
39	B403	成品罐装泵	25SG3-20　$N=0.55kW$ $q_V=3m^3/h$　$H=20m$	1	不锈钢	

（2）电气设备一览表

电气设备一览表见表 4-3。

表 4-3 电气设备一览表

序号	编号	名　称	规格/kW	数量	备注
1	F101	酯化釜搅拌	1.1	1	
2	B101	打醇泵	0.55	1	
3	B102	液酐保温泵	1.5	1	
4	B201	中和泵	3	1	
5	B301	真空泵	3	1	
6	B302	废水泵	0.55	1	
7	F401	脱色釜搅拌	1.1	1	
8	B401	压滤泵	1.5	1	
9	B402	空压机	5.5	1	
10	Q302	电加热	6	1	
11	B403	成品罐装泵	0.55	1	

（3）仪表一览表

仪表一览表见表 4-4。

表 4-4 仪表一览表

序号	名　称	规格型号精度等级	控制参数	数量	备注
1	蒸汽包压力/MPa		0.6	1	
2	酯化釜液相温度/℃		140～150	1	
3	酯化釜汽相温度/℃		140～150	1	
4	酯化塔顶温度/℃		100	1	
5	酯化釜真空/MPa		-0.094	1	
6	中和粗酯罐温度/MPa		80	1	
7	中和泵压力/MPa		0.35	<1	
8	文氏管进口压力/MPa		0.35	<1	
9	文氏管出口压力/MPa		0.2	<1	
10	重力沉降罐温度/℃		70～80	1	
11	配碱槽温度/℃		70～80	<1	
12	碱水流量计			<1	
13	水洗水流量计			<1	
14	水洗沉降罐温度/℃		70～80	1	
15	真空缓冲罐压力/MPa		-0.096	<1	
16	脱醇蒸汽压力表/MPa		0.6	<1	
17	脱醇活汽压力表/MPa		0.3	<1	
18	脱醇预热器温度/℃		120	1	
19	脱醇塔塔顶温度/℃		140～150	1	

续表

序号	名　　称	规格型号精度等级	控制参数	数量	备注
20	脱醇流量计			2	
21	脱醇塔塔底真空/MPa		-0.09	<1	
22	脱醇塔塔顶真空/MPa		-0.094	1	
23	脱醇酯收集罐真空/MPa		-0.094	1	
24	脱醇醇水收集罐真空/MPa		-0.094	1	
25	脱醇过热蒸汽温度/℃		280～300	1	
26	脱色釜液相温度/℃		90～100	1	
27	空压缓冲罐压力/MPa		<0.5	<1	
28	压滤泵出口压力/MPa		0.3	<1	
29	压滤机压力/MPa		0.3	<1	
30	空压机出口压力/MPa		<0.5	2	
31	辛醇储罐液位			1	
32	液酐储罐液位			1	
33	中和粗酯罐液位			1	
34	脱色釜液位			1	
35	脱醇粗酯罐液位			<1	
36	脱醇酯收集罐液位			1	
37	脱醇醇水收集罐液位			1	
38	压滤粗酯罐液位			1	
39	回收醇储罐液位			1	
40	成品罐液位			1	
41	压滤收集罐液位			1	
42	真空泵出口真空/MPa		-0.096	2	
43	中和沉降罐液位			1	
44	水洗沉降罐液位			1	
45	酯化分相罐液位			1	
46	脱醇塔底液位			1	
47	辛醇流量计			1	
48	液酐流量计			1	
49	放成品流量计			1	
50	酯化打料阀			1	
51	脱醇进料阀			1	
52	压滤进料阀			1	
53	成品罐装阀			1	
54	液酐罐温度/℃		>140	1	
55	碱水沉降罐液位			<1	

4.2.2.6 "三废"排放点及控制指标

(1) 排水口　装置排水口。

(2) 排放标准　排放水经过处理后应达到国家 GB 8978—1996 污水综合排放标准。

二级排放标准如下。

pH：6～9；油含量：≤10mg/L（石油类）；COD：≤150mg/L；悬浮物：≤150mg/L。

4.2.2.7 包装规格及储运要求

(1) 包装　200kg 铁桶包装（或槽装）。

(2) 规格　(200±0.5)kg/桶。

(3) 储运要求　拧紧桶盖，保证产品标志清楚，不准野蛮卸装。本品为可燃液体，储运时勿将包装桶破损或封盖松动，以免物料泄漏，应避免明火、高温或接触强氧化剂。

4.3　生产岗位操作规程

4.3.1　开车前准备工作

开工前准备工作要做好，这对保证正常生产进行起着重要作用，要认真做好开车前的准备工作。

(1) 酯化工序

① 将酯化釜清洗干净，并将水放掉。

② 清除酯化釜、醇水分相器、废水回收罐等设备内异物。

③ 对酯化系统进行水压试验，并严密至无可见漏处。

④ 检查生产指示仪表是否准确可靠。

⑤ 检查真空泵系统并使之严密不漏，系统真空度达到 0.094MPa 以上。

⑥ 加催化剂管路、阀门不漏。开关灵便，管路畅通。

⑦ 检查打料管路及阀门，保证不漏。

⑧ 酯化釜搅拌、醇泵，液酐保温泵等设备运转正常。

⑨ 检查放醇管路，放液酐管路，保证畅通无阻。

⑩ 检查并保证所有阀门的开关位置正确无误，以防跑料或发生事故。检查加热蒸汽及乏汽管路和阀门是否开关正确，管路畅通。

⑪ 各计量罐储罐本体及附件齐全完好，液位计指示正确。

⑫ 检查冷却水系统畅通，阀门开关正确。

⑬ 按工艺要求规定备好原料，备好操作记录。

(2) 中和水洗工序

① 检查中和粗酯罐，中和重力沉降罐，水洗重力沉降罐，碱水沉降罐等，清除各设备内异物，并检查有无泄漏并及时排除。

② 检查中和泵、流量计，确保不漏，无异物堵塞。

③ 消除配碱槽底部杂物。

④ 检查及清除中和文氏管喷嘴异物。

⑤ 检查蒸汽、水，保证正常供应。

⑥ 检查指示仪表，确保生产正常使用。

⑦ 检查输料管路并确保通畅，阀门开关正确完好不漏。

⑧ 备碱，备好操作记录。

（3）脱醇工序

① 清除粗酯罐内异物，并检查有无泄漏并及时修复。清洗罐后将水放净。

② 上水蒸刷预热器、汽提塔，并将水放净，清理塔底异物，保证不泄漏。

③ 清除酯收集罐内异种产品及杂物（不可用水刷）。

④ 测试真空泵及系统各设备真空度，保证系统真空度不低于 0.096MPa，方可开车。

⑤ 检查输料管路，确保畅通，阀门不漏。

⑥ 检查加热蒸汽系统，冷却水系统，确保生产正常使用。

⑦ 检查电加热器控制仪表，指示仪表，确保正常使用。

⑧ 检查并清理流量计异物。

⑨ 备好生产操作记录。

（4）压滤工序

① 清除粗酯罐内杂物。

② 检查脱色泵做到不漏并确保完好。

③ 清理压滤机网板，确保正常使用。

④ 检修设备可见漏处。

⑤ 备好生产操作记录。

（5）真空泵

① 调节好冷却水并保证冷却水畅通。

② 确保指示仪表灵敏正常，电器开关灵敏，保险齐全。

③ 保证油箱油位正常。

④ 保证传动带无松动、断裂、齐全。

⑤ 安全罩齐全，安装合适。

⑥ 清理缓冲罐，保证罐内无水无料。

⑦ 做好真空度测试，并保证工艺对真空度的要求。

⑧ 备好生产操作记录。

装置开车前各工序的所有准备工作都应落实到人，按装置开、停车检查规程执行并填写检查记录签字存档。装置开、停车检查规程见 4.4。

4.3.2　开车

开车前的检查应有检查记录，做到责任到人，工作人员准备工作完成后，由当班班长按照记录的检查内容，进行逐项落实到位后，通报车间管理人员和主管领导，下达书面开车指令。

4.3.3　岗位操作要点

4.3.3.1　酯化工序

（1）备醇　向辛醇储罐进料到液位 80% 备用。

（2）投醇

① 按配比要求，用流量计计量投醇。

② 投回收醇前要将水放净，放水沉淀时间要尽量长，一般不得低于 2h。

（3）备苯酐

① 按配比要求及质量情况，备好数量，要准确。

② 要认真检查苯酐，清除杂质及不合格品。

③ 投料后紧好投料孔。

④ 开蒸汽加热至 140℃。

⑤ 按照配比要求，以流量计计量投液酐。

（4）投苯酐

① 投固酐时。将醇全部投入釜内，投醇一开始缓慢将加热蒸汽打开，为加快放醇速度，放醇时釜内可开一点真空，醇投完后开搅拌，当液温升至 70～75℃时，待釜内放至常压后投固酐。最后一袋苯酐投入后，封闭投料孔后加酸，加酸温度不超过 80℃。

② 投液酐时。将醇全部投入釜内，放醇一开始少量开一点加热系统蒸汽，醇投完后开搅拌待液温升至 70～80℃时，加入硫酸。

投液酐前要检查投液酐的管路、投料泵和阀门的保温状态，是否达到投料温度，流量计是否正常，保证计量准确，硫酸加完后投液酐，液酐投完后，关好投料阀门和蒸汽阀门。

（5）操作

① 釜底通活蒸汽。投完料后，由釜底通入直接加热蒸汽（活蒸汽）。通活汽前，先放出蒸汽管路中的冷凝水至见蒸汽为止。通活蒸汽时，釜内真空度控制在 0.04～0.05MPa，塔顶出现恒沸物（分水灌液位上升）时停活汽，此时釜内液温为 120～125℃，通汽时间约 10min，釜底疏通后，关闭通汽管路的所有阀门（投液酐的情况下可以不通活蒸汽）。

② 加热蒸汽、乏汽的调节。投料完后，打开蒸汽阀门正常酯化，反应过程应始终供汽，反应初期物料温度低，加热蒸汽液化量大，为保证加热效果，在回流前开大蒸汽和乏汽阀门，以利于升温和排水，回流后调小乏汽，用疏水器排除乏水，以利节约能源，蒸汽的开启情况可根据回流的情况进行调节，既要保证升温速度，还要保证不超压为好。供汽压力为 0.5～0.6MPa，反应合格后停汽。

③ 真空度调节。在保证不冲塔，正常回流（回流视盅不满为好）情况下，逐渐开启真空阀门，一般在回流后 40min 内将真空阀门全部开启，物料合格打料时停釜内真空。

④ 反应终点温度控制。液温：140～145℃；汽温：94～100℃。

⑤ 反应过程中应随时检查冷却水，保证正常供水。

⑥ 验酸度。当出水极少，釜内液温升至 140～145℃时或反应已达 2h，应及时取样检验酸度，取样时釜内不要放真空，取样前应将负压取样器内存料放净，保证取样无误，检验样品真实。

⑦ 打料。当物料酸度≤0.28％可以出料，特殊情况下如果酸度在≤0.32％经半小时降不到 0.28％时，酸度在 0.32％～0.28％之间也可以打料。打料时停真空泵，停止加热。打料前要先打开打料冷却器的冷却水，以保证打料过程中的冷却效果。料要打净，打净料的标志是，料的数量够，真空放风阀门及取样口有抽空的声音。打料后关好打料阀门，停冷却水，并认真检查料是否打入中和粗酯罐，管路有无渗漏。

⑧ 酯化分相罐放水：正常情况下，反应过程中不要放酯化水，待合格后将酯化水一次放出，放水时要将水放净，并严防将醇与水一起放走，酯化过程中收集罐内水位高过（接近）回流出口时，可以及时放出水，放水时如发现属于上一锅水未放净所造成的不必补醇，如属于回收醇水没放净所造成的，放多少水应补多少醇并适当补加催化剂，以保证釜内的正

常配比。

⑨ 操作记录：操作记录内容为投料时间，投料量，中间检验及合格酸度、合格色度，打料始、终时间，反应全长时间，不正常现象及分析处理方法，操作人员及操作时间、班次、供汽压力、真空度、液温和汽温要求在回流后半小时记录一次，记录要求用仿宋字填写，并且完整、及时、准确、清楚，要保管好操作记录，不得随意撕毁。

4.3.3.2 中和工序

（1）配碱液　中和用碱液浓度为 4%（配碱槽加 80kg 水，加 3.5kg 纯碱），碱液温度 70~80℃。

（2）开中和泵　先将泵前阀打开、开启中和离心泵，缓慢开启泵后阀。开泵后检查泵的运转是否正常，检查泵及输料系统，中和系统是否漏料，以防跑料。

（3）供碱液　开泵后立即缓缓开启碱流量计阀门和沉降罐的回流阀门。

（4）收集　中和后 10min 验酸度，酸度合格后开启收集阀门然后关闭回流阀门。

（5）水洗　开启收集阀门后立即开启汽水混合器水及水蒸气阀门，保证水洗水温 70~80℃。

（6）排废碱液　中和供碱液后，应立即调节排废碱液底流阀门，并保证水位在正常指定位置上，做到废碱液中基本不带酯，收集的酯中基本不带碱水。

（7）排废水洗水　水洗供水后应立即调节排废水底流阀门，并保证水位在正常指定位置上，做到废水中基本不带酯，收集酯中基本不带水。

（8）验酸度　操作人员与化验人员交错 15min，每半小时验一次中和后物料酸度。中和前应对酯化粗酯酸度进行化验，以利碱流量的控制，中和过程中如有酸度不合格现象，应立即打开回流阀门，同时关掉收集阀门，并停止水洗，待酸度合格后，再开启收集阀门，关闭回流阀门，并打开水洗水阀门。

（9）酯压、碱流量与水洗水量　正常酯压力为 0.2~0.3MPa，此时酯流量根据喷嘴尺寸 3mm，大约 500kg/h，碱流量根据粗酯酸度，可调节在 100~150kg/h，水洗流量约为 300kg/h。

（10）背压　背压是中和系统压力的重要标志，正常背压应在 0.1MPa 左右。

（11）中和温度　70~80℃。

（12）中和后酸度　酸度 0.005~0.009%。

（13）废水洗水 pH 值　7~8。

（14）及时处理碱罐料　交班不许交碱罐料，开碱罐料一般情况下不给碱液，只开水洗水。

（15）废碱液　废碱水、水洗水除停工收尾外，正常需经沉淀排放，不得任意排入地沟，收尾的过程放碱水时也应将水放入废水沉降池。

（16）停车　在脱醇粗酯罐满后，先停水洗汽、水、碱，再停中和泵，然后关闭收集阀门及中和重力沉降罐废碱液及水洗沉降罐废水阀门，关闭泵前泵后输料阀门。

（17）操作记录　每半小时记录一次，认真填写记录内容，做到完整，及时，准确，清楚并要求用仿宋字填写，保存好操作记录，不得随意撕毁。

4.3.3.3 脱醇工序

（1）开车准备工作

① 醇塔底的水，抽真空。

② 蒸汽给预热器和脱醇塔预热。

③ 粗酯罐放水。

④ 冷却水，调整乏汽，电加热通蒸汽 15min 后开启电加热。过热蒸汽温度控制在 280～300℃。

（2）操作

① 脱醇通过热蒸汽时，真空度为 0.068～0.072MPa。

② 预热器温度为 80～100℃，塔顶汽相 140～145℃。

③ 供汽压力≤0.6MPa。

④ 粗酯流量为 500kg/h。

⑤ 投料。投料时先开启脱醇粗酯罐出料阀门，然后缓慢开启流量计上下阀门，并检查醇水收集罐、酯收集罐收集管路阀门，确保畅通。

⑥ 回脱。开车后收集成品至液位 50％左右，将收集的成品返回预热器，再次脱醇以确保成品质量。

⑦ 收集。酯收集半罐时，预抽另一收集罐至真空度平衡，收集至灌满时倒罐收集成品。醇水收集半罐时，预抽另一收集罐至真空度平衡，收集灌满时倒罐收集醇水。

⑧ 质量要求。闪点≥192℃（开杯）；酸度≤0.009％；色度实测；酯中不含水。

⑨ 放废水。经常检查粗酯罐，并及时将底部废水放掉。

⑩ 打醇水。醇水收集罐内的醇水一起打入回收醇储罐，不得在醇水收集罐底部直接放水，回收醇储罐应将水放净后，再回至酯化循环使用。放水沉淀时间一般不得低于 2h。

⑪ 临时停车。临时停车先关闭流量计阀门，酯收集阀门不关。假如停电，关闭过热蒸汽、预热器、脱醇塔蒸汽，醇水收集罐放至常压，抽塔、预热器。待醇水收集罐口响跑风时，再关闭酯收集阀门。

⑫ 停车。停车时停止投料、停电加热、停汽、停水，关闭开启的所有阀门，将系统放至常压，打开乏汽。

⑬ 记录。脱醇每出一罐记录一次，要求完整、及时、准确、清楚，要求仿宋字体填写，并注意保存记录整洁，不得随意撕毁。

4.3.3.4　脱色压滤工序

① 脱醇成品在 80～90℃时进行压滤。

② 脱色。物料压滤前应先抽到脱色釜中加入活性炭进行脱色，如果物料色度深，可根据色度情况，适量多加部分活性炭降色，如物料温度低，也可以在脱色釜中加热，以保证物料的压滤温度。

③ 压滤。开启压滤泵前阀，开启压滤泵，缓慢开启泵后阀，如果泵压超过 0.3MPa，打开泵的回流阀调整泵的压力。使压滤机和粗酯罐打回流，待取样无可见杂质时，开启成品收集罐阀门，同时关闭回流阀门，进行正常收集。

④ 压滤时认真检查管路、压滤泵、压滤机有无漏料现象，以防止跑料事故发生，保证成品罐内物料无杂质及成品质量，压滤成品不得直接往成品大罐中过滤。

⑤ 打成品时要取样检验确保无眼见杂质。

⑥ 清炭。过滤速度慢，影响成品过滤时应提前安排清炭。清炭前先停车，然后将压滤机内物料和滤饼用空压气吹净，将废炭从压滤机底部卸出，清炭时注意网板要清干净。

4.3.3.5　真空泵

（1）开泵

① 开泵前开启真空阀门，开启跑风阀门。

② 开泵后关闭跑风阀门，且加封胶塞，缓慢开启真空阀门，听到真空管有抽气声后在 10min 内逐渐将阀门全部开启。

（2）停泵

① 停泵前关闭真空阀门，开启真空放风阀门之后，停泵。

② 及时放缓冲罐内的物料和水，如液位计显示有液位，不能开泵。

（3）加油（1 号真空泵油）

① 加油量：每次加油 2/3 油盅。

② 认真检查泵与电机有无异常现象，如发现异常，及时与有关人员联系排除故障，无检修人员的使用意见，严禁设备带病运行。

③ 认真做好记录，并注意保存。

4.3.4　常用指标的质量检测

检验人员要及时与各工序人员联系，做到各工序开、停车状况清楚，并做到现场取样，亲自验样，不漏验，不错验。

4.3.4.1　酸度的测定

（1）方法原理　以 95％乙醇作介质，以酚酞作为指示剂，以氢氧化钠标准滴定溶液滴定测定试样的酸度。

（2）试剂

乙醇：分析纯 95％（体积分数）；

氢氧化钠溶液滴定：$c(NaOH)＝0.1mol/L$；

酚酞：5g/L 的乙醇溶液。

（3）仪器　250mL 锥形烧瓶（配有磨口塞）；

微量滴定管（分度值 0.02mL）。

（4）操作步骤

① 取 50mL 乙醇置于锥形瓶中，加 0.5mL 酚酞指示剂，以氢氧化钠标准溶液中和至粉红色备用。

② 用锥形烧瓶称取试样 50g（准确至 0.5g），然后加入中和好的乙醇溶液待完全溶解后，以微量滴定管，用氢氧化钠溶液滴定混合物，直至粉红色出现并保持 5s。

（5）计算

$$A(\%)＝0.08307cV/m×100＝8.307cV/m$$

式中　c——氢氧化钠标准溶液的浓度，mol/L；

　　　V——耗用氢氧化钠溶液的体积，mL；

　　　m——试样重量，g；

0.08307——相当于 1.00mL 氢氧化钠标准滴定溶液 $[c(NaOH)＝1.0000mol/L]$ 的邻苯二甲酸的质量，g。

4.3.4.2　外观色度的测定 ［铂-钴比色法］

（1）原理　将样品与标准色度作目视比较，按铂-钴色度单位表示其结果。铂-钴色度单位以每升含 1mg 氯铂酸钾形式中的铂和 2mg 的氯化钴六水化合物计。

（2）仪器

比色管：磨口带塞无色比色管，100mL，50mL；

比色箱及比色架；

烧杯：150mL；

容量瓶：1000mL（棕色磨口）。

（3）操作步骤

① 将混合均匀的试样注入比色管中，并置于装有反光镜的比色架上用肉眼观察，应是透明油状液体，无浑浊现象，无明显机械杂质，在室温条件下进行比色测定。

② 取 2 支颜色相同、高度相等的比色管，一支注入 100mL 或 50mL 试样。另一支注入相同体积的色度标准液，置于装有反光镜的比色架上，拿下比色管塞，将比色管放入比色箱中，转动反光镜，以反光镜中反射之颜色进行比色，读取样品最接近标准色度的号数。

③ 精密度。平均测定结果的允许误差应符合表 4-5 的规定。

表 4-5　平均测定结果的允许误差规定

色 泽 范 围	误 差 范 围
60 号以下	4 号
60～100 号	10 号
120 号以上	15 号

4.3.4.3　闪点的测定

将 DOP 加热到其蒸气与火焰接触能发生闪火时的最低温度，闪点与可燃性有直接关系。通常标准规定用开口闪点测定仪进行测定。

（1）原理　将试样装满试验杯至规定的液面刻线，最初应较快地升高试样温度，然后缓慢地以稳定的速度升温至接近闪点，并不时地在规定温度下试验小火焰横跨杯体表面上空。由于火焰引起液体表面上蒸气闪火的最低温度为闪点。

（2）仪器设备　克利夫兰开口杯仪，包括试验杯、加热器、温度计支架、点火器、温度计（局浸型）、防护屏 46cm×40 cm，高 61 cm 正面开口，内壁涂成黑色。

（3）测定　将试样注入试验杯中，液面至规定的液面刻线，加热升温，当试样达到低于预期闪点 56℃时调整减慢加热速度，当温度升至 28℃时，升温速度保持每分钟升温5～6℃。

当试样达到预期闪点前 28℃时，将点火器火焰调整至 4mm，开始用点火器火焰平行作直线移动扫描，试样升高 2℃，重复一次扫描，先向一个方向扫描，再向相反方向扫描，试验火焰每次扫描时间为 1s，当温度达到 185℃以上时，每升高 1℃扫描一次，液面上方最初出现火焰时，立即读出温度计上的读数，即为闪点。

（4）计算　按此方法连续测试两次，结果不能相差 2℃，其算数平均值即为试样闪点（大气压低于 95.3kPa 时应进行校正）。如果相差超过规定，应重新取样检测。

4.3.4.4　密度的测定

密度的测定包括粗酯的密度测定和回收纯的密度测定。粗酯的密度大小可判定投料配比的正确与否；回收醇的密度大小可判定回收醇中酯含量的高低，对生产有很重要的指导意义。生产中检测密度大多用密度计法。

测定仪器：量筒 250mL 或 500mL；

密度计：0.8～0.9，0.9～1.0；

温度计：0～100℃；

　　测定方法：将试样放入 250mL 或 500mL 量筒内，恒温至 20℃，拿住干净的密度计上部，轻轻放入量筒内试样中，在密度计稳定不再摆动后，按弯月面上缘进行读数。读数时眼睛应位于弯月面的水平面上，密度计不应接触量筒壁，所读数即为测量结果。平行测定误差≤0.001。

4.3.5　停车、收尾

　　在化工生产中，停车和开车是一样重要的，停车收尾工作一定要做好，这对生产的质量、消耗起着至关重要作用，因此要认真做好停车收尾和收尾后物料盘点工作，每一项工作做完后做好记录，技术人员检查后记录存档。

　　（1）酯化工序

　　① 酯化最后一釜合格后，将料打净，分相罐内水、醇全部放净。

　　② 上水蒸釜至回流 30min，蒸釜后将水放净，并打开投料孔上水降温清釜。

　　③ 关闭辛醇储罐、液酐储罐进、出料阀门。

　　④ 停电、停汽、停水，关闭系统的所有阀门。

　　（2）中和工序

　　① 中和粗酯罐正常开车至无泵压，检查是否还有料，如有料，抽入废碱水罐。

　　② 中和旋液分离器、水洗旋液分离器、中和重力沉降罐、水洗重力沉降罐、废碱水罐沉降放水，所有料归至脱醇粗酯罐或水洗沉降罐。

　　③ 上水刷洗中和重力沉降罐、水洗沉降罐等中和设备。

　　④ 清理放水罐杂物及配碱槽杂物。

　　⑤ 停电、停汽、停水，关闭系统的所有阀门。

　　（3）脱醇工序

　　① 将脱醇粗酯罐料开净。

　　② 脱醇最后一罐收集完，再回脱一遍合格后，连同抽塔、预热器料一同打到压滤。

　　③ 醇水收集罐的物料打到回收醇储罐，沉淀后放水，打到废水罐。

　　④ 上水蒸气刷预热器、脱醇塔至回流，并刷洗醇水收集罐，然后将水放掉。

　　⑤ 停电、停汽、停水，关闭系统的所有阀门。

　　（4）压滤工序

　　① 所有的料倒入压滤粗酯罐内，抽净至无泵压，停泵关闭所有阀门。

　　② 开空压机用压缩气将压滤机内料吹净，清炭。

　　③ 清理粗酯罐内杂物、积炭。

　　④ 将收集罐料全部打入成品罐，放净。

　　⑤ 停电，关闭系统的所有阀门。

　　⑥ 停车各项收尾工作及设备内物料情况要落实到人并做好记录，收尾结束后，要进行物料盘点，盘点情况要填写好盘点记录并存档，以备开车时清楚罐内存料情况。

4.4　邻苯二甲酸二辛酯开、停车检查规程

　　为保证 DOP 实训生产装置及公用设施在检修或长时间停车后能够顺利开车，确保装置正常运行，特制定 DOP 装置及公用工程、热油系统、冷却水系统、蒸汽系统设施的开、停车检查要求，目的是为提高工作质量和安全管理水平。本规程的制定依据为 DOP《生产工

艺规程》、《岗位操作规程》、《安全操作规程》，本规程制定后，经主管领导批准后执行。

4.4.1　规程执行要求

① 凡是本规程中未提到的检查方法和检查内容，应按照工艺文件要求进行检查。

② 开车前所有设备、管路、阀门均应进行检查，并做好检查记录。

③ 所有安全附件检查由实训车间组织各班组统一进行检查，并做好检查记录。

④ 公用工程的检查应包括对装置外部管路和内部管路的全部检查，在所有的检查过程中，电气及设备维修人员应做好配合并填好相应的检查记录。

⑤ 消防器材、劳动防护用品的检查，在班组检查后，管理人员应做好监督。

⑥ 所有检查记录，检查人必须认真填写并签字。全部检查完成后，由各班组长确认签字后上报实训车间主管签字、留档保存，经请示主管领导同意后下达开车令。

⑦ 本规定的执行条件界定为：

a. 装置大修后；

b. 发生设备或安全事故处理后再开车前；

c. 正常停车较长时间再开车；

d. 短时间或临时停车后，再开车时根据情况而定。

⑧ 本规程在执行过程中应根据实际情况不断补充、修改、完善。

4.4.2　二辛酯装置开车检查要求

装置的开车检查工作非常重要，每个工序对设备、管路、阀门及运转设备的检查情况，要落实到人，并认真填写检查记录，相关人员签字后存档备查。二辛酯装置开车检查记录见表 4-6。

表 4-6　二辛酯装置开车检查记录

开 车 要 求	检查部门	检查方法	检查情况（见附录三）
醇泵、液酐泵、真空泵、水循环泵、搅拌器、压滤泵、废水泵、空压机、压滤泵、凉水塔风扇、补油泵、热油循环泵等运转正常	维修、当岗人员及班长	单机试车	单机试车记录（附表 9）
A 类设备完好、运转正常	维修、当岗人员及班长	设备巡检	设备检查记录（附表 1～表 8）
设备、管路、阀门无泄漏，阀门开关自如、位置正确	岗位操作、当班班长	设备巡检	设备检查记录（附表 1～表 8）
电气、静电接地装置正常	电工、当岗人员	联合检查测试	单机试车记录（附表 9）
安全阀装置正常、强检仪表正常	维修、当岗人员	联合检查测试	安全阀、强检表检查记录（附表 10）
仪表完备、动作灵敏、指示准确	电工、当岗人员	联合检查测试	仪表检查记录（附表 12～表 14）
设备检修相关盲板拆除	维修、当岗人员	现场检查	设备检查记录（附表 1～表 8）
设备内物料状况详细，反应釜系统真空正常	当岗人员及班长	检查测试	设备检查记录（附表 1～表 8）
危险作业劳保品齐全、完好	当班各岗检查	各班组检查	危险作业劳保用品检查记录（附表 11）
消防栓、消防水带、灭火器材齐全、完好	当班各岗检查	各班组检查	消防器材检查记录（附表 15）
公用工程：水、电、蒸汽、空压气、热油系统、氮气等供应情况正常	各岗位人员	车间组织联合检查	公用工程及原料检查记录（附表 16）
人员培训、考核情况	车间主管	车间组织培训	人员培训情况记录（附表 17）

A 类设备和电气、仪表等专项检查由车间主管组织专业人员一道联合测试。

公用工程检查：生产装置以内由当岗检查，装置以外由班组检查，车间主管组织验收。

每种检查记录，检查完成后，要求当岗检查人员、班长签字后交车间主管检查签字，由主管领导下达开车令。

4.4.3　二辛酯装置停车检查要求

装置停车前要做好物料的收尾工作，尽量将物料收净，关好相关阀门。对各设备存料情况做好记录并进行盘点。特别是冬天停车后对蒸汽、冷却水管路应做好泄水、泄汽等防冻保温工作，所有工作要落实到人，检查情况要填写好相关记录存档备查。二辛酯装置停车检查记录见表 4-7。

表 4-7　二辛酯装置停车检查记录

序号	停 车 要 求	检查方法	检查部门	检查记录（见附录三）
1	原料罐测量好物料数量并关好进出阀门，酯化釜釜空料净、关闭好所有阀门。	生产工艺检查	生产班组	二辛酯盘点记录（附表18）
2	旋风分离器、分相罐、醇水收集罐、尾气罐放净关好阀门	生产工艺检查	生产班组	设备检查记录（附表1～表8）
3	回收醇储罐、废水罐将水放净并关好阀门配炭罐、配碱罐将水和料放净关好阀门	生产工艺检查	生产班组	设备检查记录（附表1～表8）
4	真空缓冲罐有料放净关好阀门	生产工艺检查	生产班组	设备检查记录（附表1～表8）
5	空压缓冲罐内水放净阀门不关	生产工艺检查	生产班组	设备检查记录（附表1～表8）
6	生产结尾盘点	工艺盘点	车间技术人员	二辛酯盘点记录（附表18）
7	冬季生产停车所有设备及管道、机泵将水泄净防冻	工艺设备检查	生产班组、维修组	设备检查记录（附表1～表8）
8	如生产长时间停车，生产电气设备拉闸断电	电气检查	电工维护	设备检查记录（附表1～表8）
9	压滤粗酯罐、收集罐料、脱色釜、全部将料泄净、打净、关好阀门。压滤机将炭吹干清炭	工艺检查	生产班组	设备检查记录（附表1～表8）
备注	如果短时间停车，分相罐、醇水罐等需将水放净，或听车间安排。生产短时间停车与长时间停车要求的检查内容和方法均按上述要求进行。			

思 考 题

1. 叙述各工序的反应原理，并写出反应方程式。简述二辛酯的性能和用途。
2. 简述各工序的工艺流程。
3. 写出各工序的开车前准备工作。
4. 简述各工序的停车步骤。
5. 根据电气一览表计算出装置的最大用电负荷。
6. 写出 DOP 生产中原料和辅料的允许使用规格。
7. 说出原料辛醇和水的共沸组成，以及辛醇过量在酯化中的作用。

第5章 基本计算

5.1 工艺过程中的一般计算

5.1.1 有关投料配比的计算

(1) 投料配比　原料之间的数量比，称为投料配比。

(2) 运算　按照化学方程式进行计算，其运算过程基本上为以下四个步骤：

① 把酯化反应写成平衡的化学方程式；

② 把已知的量和要求的量（用 x 表示）分别写在化学方程式中有关的分子式下面；

③ 要求将有关物质的相对分子质量，分别写在化学方程式中有关的分子式下面；如果化学方程式中有关的分子式前面有系数，必须用这个系数去乘有关的相对分子质量；

④ 用有关的四个量列出比例式，求未知数 x。

【例1】　生产 DOP，原料：苯酐 $C_8H_4O_3$，辛醇 $C_8H_{17}OH$。

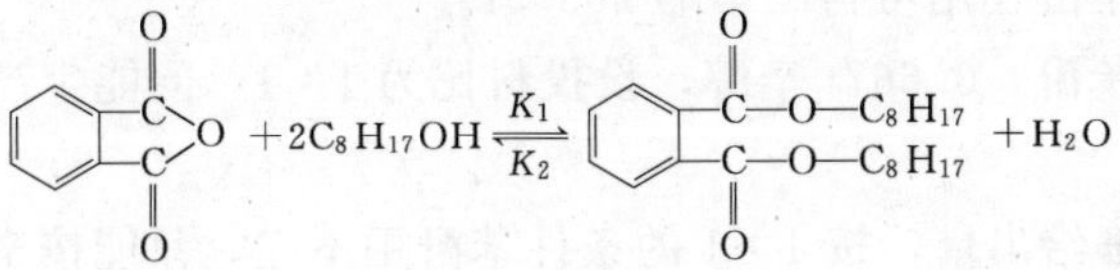

相对分子质量　　　　　148　2×130　（小数点后数值省略）

投料配比苯酐：辛醇 $=148:260=1:1.76$

从理论上计算，苯酐与辛醇的投料配比应是 $1:1.76$，用 1t 的苯酐应加 1.76t 的辛醇与之反应。现在投料配比是 $1:2$，就是说辛醇比理论需要量过量 24%。

过量醇的计算是：

$$过量醇=\frac{实际用醇量-理论用醇量}{理论用醇量}\times100\%$$

(3) 当原料纯度降低时投料配比的计算　在生产中实际计算要复杂得多，因苯酐和辛醇的投料配比是 $1:2$，而过量醇又反复使用，醇含量会不断降低。

【例2】　辛醇含量只有 80%，即

$$苯酐：辛醇(含量80\%)=1:\frac{1.76}{0.8}=1:2.2$$

用 1t 苯酐应加 2.2t 醇反应，如过量醇 24%，即

$$苯酐：辛醇(含量80\%)=1:\frac{2}{0.8}=1:2.5$$

投 1t 苯酐应加 2.5t 醇反应。在生产实际中，一般情况下生产配比中只有过量部分辛醇使用回收辛醇循环使用，因此只需将过量辛醇含量折百计算即可。

$$苯酐：辛醇=\frac{1.76+0.24}{0.8}=1:2.06$$

5.1.2　根据投料量计算生产量

如果原料不止一种，而题目只给出一种原料的量，一般是指其余的原料都能充分供应的条件下来说的，如果给出的原料量不止一种，那就要决定以哪种原料做标准来计算。

【例 3】　现有 100t 苯酐，问能生产多少二辛酯？（从理论上计算）

分析：苯酐与辛醇反应生成二辛酯与水，只给苯酐量，说明辛醇过量多少和生成多少水与计算无关，这里有关的物质就是苯酐和二辛酯。

解

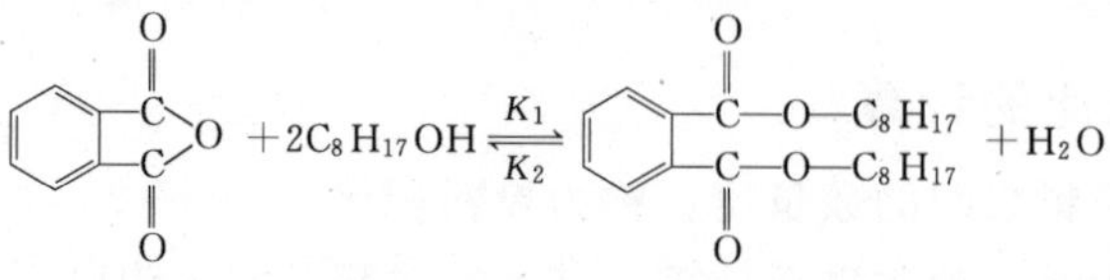

$$
148 \qquad\qquad\qquad\qquad 390
$$
$$
100t \qquad\qquad\qquad\qquad x\,t
$$

设用 100t 苯酐，可得二辛酯 x t

苯酐的相对分子质量为 148，二辛酯相对分子质量为 390

那么比例式为 $148 : 390 = 100 : x$

$$
x = 390 \times \frac{100}{48} = 263.5t
$$

答：100t 苯酐和辛醇作用可得二辛酯 263.5t。

【例 4】　现有 1t 苯酐，0.667t 辛醇，设投料比为 1∶1，问能生产多少二辛酯？（从理论上计算）

分析：两种原料都给出量，按 1∶1 的条件苯酐用不完，只能按辛醇量计算解：

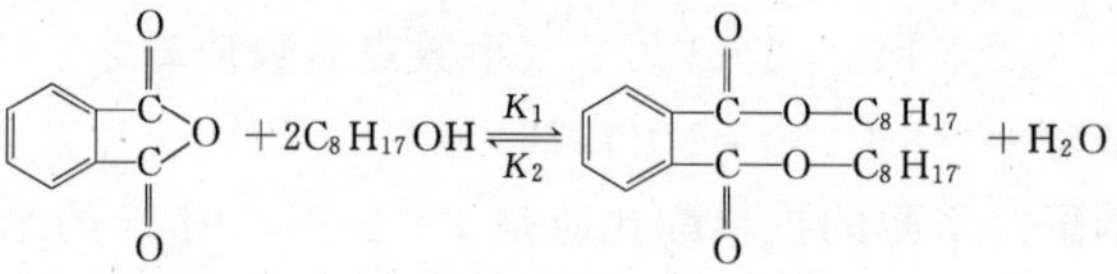

$$
2 \times 130 \qquad\qquad\qquad\qquad 390
$$
$$
0.667t \qquad\qquad\qquad\qquad x\,t
$$

那么比例式为　　　　　　　　　$260 : 390 = 0.667 : x$

$$
x = 390 \times \frac{0.667}{260} = 1t
$$

答：只能生产 1t 二辛酯。

以上的计算是从理论上计算出来的，在生产实际中还要考虑到反应的完全程度、合理的损耗及原料的纯度（含量）。

5.1.3　根据生产量来计算投料量

这一类计算题所根据的原理和计算步骤是完全跟前面一类一样，不过像前面一类同时给出两个已知量，一种多一种少的情况，在这一类题目里是不常遇到的，因为生成物即使不止一种，它们的量总是符合化学方程式表示的关系的。

【例 5】　要生产 100t 二辛酯理论上需用苯酐和辛醇各多少？

解

① 列出反应方程式：

$$\text{(苯酐结构)} + 2C_8H_{17}OH \underset{K_2}{\overset{K_1}{\rightleftharpoons}} \text{(二辛酯结构)} -O-C_8H_{17} + H_2O$$

② 计算所用相对分子质量：

苯酐	辛醇	二辛酯
148	2×130	390

③ 写出已知未知数：

苯酐 y　　辛醇 x　　二辛酯 100t

④ 列比例式：

$148 : 390 = y : 100$

$260 : 390 = x : 100$

⑤ 解未知数：

$$x = 260 \times \frac{100}{390} = 66.67t$$

$$y = 148 \times \frac{100}{390} = 37.95t$$

答：生产 100t 二辛酯需要苯酐 37.95t；辛醇 66.67t。

5.1.4　产率计算

理论定额与实际定额的比，或实际产量和理论产量的比叫做产率，习惯上产率利用分数来表示，将所得的比值再乘上 100%，即：

$$\text{产率} = \frac{\text{理论产量}}{\text{实际产量}} \times 100\%$$

$$\text{产率} = \frac{\text{理论产量}}{\text{实际产量}} \times 100\%$$

前一种方法是以原料的消耗定额来计算的，后一种是以产品的生成量来计算的。所以产率也可称为原料利用率或产品收率。

产率的计算如下。

产率既然有两种表示法，也就是有两种计算法，一种是由原料计算（即定额）；另一种是由产品计算，一般用前者计算的较多。

【例 6】　计算二辛酯的产率，已知苯酐的实际消耗定额为 0.385t/t。

解　按苯酐计算产率，也就是求苯酐的原料利用率。

苯酐的理论定额是 0.380t/t

$$\text{产率（苯酐的原料利用率）} = \frac{\text{理论定额}}{\text{实际定额}} \times 100\% = \frac{0.380}{0.385} = 98.7\%$$

5.1.5　溶液浓度的计算

在生产中经常遇到配酸、配碱的问题，要想正确计算有关酸、碱的问题，应先将溶剂、溶质和溶液这三个名词概念搞清楚。

把碳酸钠加入水中时，碳酸钠在水中好像"消失"了，这个现象叫溶解。结果得到的液体叫做溶液，它是碳酸钠分子均匀分散在水分子中的一种混合状态。这里的水就是溶剂，它对碳酸钠起溶解作用。而碳酸钠叫做溶质。它是被溶解的物质。

溶液和溶质、溶剂三者之间的关系，也是符合于物质不灭定律的，那就是：溶液的质量＝溶质的质量＋溶剂的质量。

溶液的浓度就是一定量的溶液里所含溶质的量。最常用的一种表示溶液浓度的方法是质量分数。质量分数就是溶质的质量占全部溶液的质量的百分数。

【例 7】 如将 3kg 碳酸钠溶于 100kg 水中，质量分数是

$$\frac{3}{103} \times 100\% = 2.91\%$$

而不是 3％，只有将 3kg 碳酸钠溶于 97kg 水中，质量分数才是 3％。

计算溶液质量分数就和一般计算百分数的方法一样：

$$溶液质量分数 = \frac{溶质质量}{溶液(溶质＋溶剂)} \times 100\%$$

这里溶质和溶剂必须用同一质量单位，而且必须用克，千克等单位，不能用克分子、克原子，也不能用体积单位。

【例 8】 碱槽内有 1t 质量分数为 10％的碳酸钠溶液，现在要配成质量分数为 2％的溶液，需添水多少？

解

① 先求 1t 溶液中的碳酸钠量和水量：

$$1000 \times 10\% = 100kg （碳酸钠）$$

$$1000 - 100 = 900kg （水）$$

② 100kg 碳酸钠配成 2％溶液需要水量为 x：

$$\frac{100}{x+100} \times 100\% = 2\%$$

$$2(x+100) = 10000$$

$$x = 4900kg$$

需添水 4900－900＝4000kg＝4t

答：需添水 4t。

【例 9】 碱槽内放水 4m³，要配 3％的碳酸钠溶液，问需加碳酸钠多少公斤？

解　设需加碳酸钠 $x$kg，即：

$$\frac{x}{4000+x} \times 100\% = 3\%$$

$$100x = 12000 + 3x$$

$$97x = 12000$$

$$x = 123.7kg$$

答：需加 123.7kg 碳酸钠。

5.2　设备的一般计算

5.2.1　填料的计算

填料塔要装多少填料，只要算出塔内填料的装填体积，如果是规整填料，要计算出塔内填料部分的体积即可

$$V = (\pi D^2 / 4)h$$

如果是散装填料要根据塔内填料部分的体积数（m³），查表得出单位体积填料的个数和质量，然后根据所需要的装填体积，计算出所用填料个数和质量来。

不同的规格型号的填料，单位体积填料的个数和质量亦不相同，如表5-1、表5-2所示。

表 5-1　陶瓷拉西环常用规格及质量

规格/mm	乱堆放置		规格排列	
	个数/(个/m³)	质量/(kg/m³)	个数/(个/m³)	质量/(kg/m³)
40×40×4.5	12700	577	19800	898
50×50×4.5	6000	457	8830	673
80×80×4.5	1910	714	2580	962

表 5-2　钢制拉西环，鲍尔环常用规格及质量

规 格/mm 50×50×1.0	乱 堆 放 置	
	个数/(个/m³)	质量/(kg/m³)
钢制拉西环	6100	430
钢制鲍尔环	6200	366

5.2.2　平均停留时间的计算

对间歇反应来说，所有物料进入反应器后，反应生成物要停留一定的时间，待所有反应物基本上反应完成后再出料。连续反应不同，物料以一定的流量连续不断进入反应器，并不断从反应器流出。反应时间采用平均停留时间（T）

$$T = \frac{V}{q_V}$$

式中　V——设备有效容积，m³；

　　　q_V——物料体积流量，m³/h。

在确定反应的有效容积时，除了考虑物料占据的有效部分外，还要考虑到物料流过容器时不是理想状态，不完全是先进先出，后进后出，容器内有返混，有死角，一部分反应好的物料在里面时间要长些，而一部分未反应好的物料很快就流出来。死角的存在，就是一部分停滞物料所占据的空间，在计算中可将死角部分视做反应器壳体一部分，而从有效的容积内扣除。

【**例 10**】　连续酯化塔的有效容积（物料占据的容积），未扣除死角为8m³，苯酐进料800kg/h，辛醇进料1600kg/h，求平均停留时间是多少？

解　已知 $V=8$m³　苯酐进料$=0.8$t/h（g_1）

辛醇进料 1.6t/h（g_2）

根据流量算出物料体积流量，苯酐密度 $d_1=1.22$t/m³，辛醇密度 $d_2=0.834$t/m³ 即物料体积流量 q_V 为：

$$q_V = g_1/d_1 + g_2/d_2$$

$$q_V = 0.8/1.22 + 1.6/0.834 = 0.656 + 1.918 = 2.574 \text{m}^3/\text{h}$$

代入式　$T = V/q_V = 8/2.574 = 3.1$h

答：物料在酯化塔的平均停留时间 3.1h。

思　考　题

1. 现有 1.1t 苯酐，要全部用回收辛醇酯化生成 DOP，回收辛醇含量为 80%，问要投多少吨回收醇才能达到按理论量配比过量 30%？

2. 生产 1000tDOP 消耗苯酐 400t，问苯酐原料利用率是多少？

3. 碳酸钠 120kg，需用水多少公斤配成浓度 2.5% 的碳酸钠溶液？

4. 生产 DOP，苯酐用 1.2t，苯酐与辛醇的投料比为 1：2，如硫酸需加 0.25%。问需加硫酸多少公斤？

5. 计算填料塔装 50mm×50mm×1mm 钢制鲍尔环时需填料的个数和质量，已知塔内径为 φ700mm，填料装填高度 4m。

6. 中和时二辛酯流量为 3t/h，碱液流量为 1.5t/h，中和小罐有效容积为 0.9m³，求中和时物料在中和罐的平均停留时间为多少？（设碱液密度为 1.1t/m³，二辛酯密度为 0.97t/m³）。

第6章 安全生产

6.1 安全生产基础知识

6.1.1 燃烧三要素

人们通常说的"起火"、"着火",就是燃烧的习惯叫法。燃烧不是随便可以发生的,它必须具备三个条件,也就是燃烧三要素。

(1) 要有可燃物质 不论固体、液体、气体,凡能与空气中的氧或其他氧化剂起剧烈反应的物质,一般都称为可燃物质。

(2) 要有助燃物质 凡能帮助和支持燃烧的物质都叫做助燃物质,如氧气等。有些物质自身就有可燃和助燃的组分(有机物中C:O的比例合适,不需外加助燃剂)。

(3) 要有火源 如火花、明火、灼热的物体等。有些物质可以自燃,加热到一定温度即可燃烧。凡能引起可燃物质着火的热源,都称之为火源。

以上三个条必须同时具备并相互结合、相互作用,燃烧才能发生。缺其一燃烧就不能发生。有时在一定的范围内,虽然三个条件都具备,但由于它们没有相互结合、相互作用,燃烧也不会发生。

防火措施:主要是防止燃烧的三个条件同时出现,并不让它们互相结合、相互作用。

灭火措施:是为了破坏已经产生的燃烧条件。不管采用哪一种灭火方法,只要能去掉一个燃烧条件,火就会熄灭了。

6.1.2 引起火灾的火源有哪些

火源是燃烧和起火必须具备的三个条件之一。没有火源就不会起火。一般说来,可以分为直接火源和间接火源两类。

6.1.2.1 直接火源主要有三种

(1) 明火 主要指生产、生活用的炉火、灯火、焊接火,火柴、打火机的火焰,香烟烟头,烟囱火星,撞击、摩擦产生的火星,烧红的电炉丝和铁块等。

(2) 电火花 指电气开关、电动机、变压器等电气设备产生的电火花和"静电"火花。

(3) 雷击 瞬间的高压放电。

6.1.2.2 间接火源主要有两种

(1) 加热自燃起火 是由于外部热源已达到使可燃物质起火的温度而引起的。常见的自燃起火如下。

① 可燃物质接触被加热物体的表面,因时间长而烤焦起火。

② 在物质(或物料)热处理过程中,由于温度未控制好,使可燃物起火。

③ 各种电气设备,由于超负荷、短路,接触不良所形成的电流剧增使线路发热而

起火。

④ 摩擦的作用，如轴承的轴箱缺乏润滑油，而发热起火。

⑤ 辐射的作用，如由于把衣服挂放在高温火炉旁而起火。

⑥ 聚焦作用，如玻璃瓶，平面玻璃的气泡，老花眼镜以及斜放的白铁皮、铝板等，由于日光的聚焦和反射作用，使被照射的可燃物质起火。

⑦ 放热化学反应的作用。

⑧ 对某些物质施加压力进行压缩可产生很大的热量，也会导致可燃物质起火。

（2）本身自燃起火　这是指在既无明火，又无外来热源的条件下，物质本身自行发热而燃烧起火，这类物质有以下两种。

① 本身自燃起火的物质：如泥炭、褐煤、新烧的木炭和没有晒干的稻草、油菜籽、豆饼、麦芽、沾有植物油的棉丝、手套、衣服、木屑、金属屑和抛光灰等。

② 与其他物质接触时能自燃起火的物质：如钾、钠、钙等金属与水接触，可燃物与氧化剂、过氧化物接触都能自燃起火。

如黄磷离开水面，能与空气发生氧化反应，放热并自燃。

金属粉末，如锌粉、镁粉和其他化学物质等遇潮湿能起化学反应，放热并自燃。另外有一些化学物质，如电石遇潮湿能产生易燃的乙炔气。

6.1.3　什么叫燃点

燃点也叫着火点。它是指火源接近可燃物质时能够使其着火燃烧的最低温度。燃点越低，越容易着火。

易燃、易爆物一般不能和可燃物质存放在一起。将可燃物质的温度降低至其燃点以下，就可避免燃烧。一些物质的燃点见表 6-1。

表 6-1　一些物质的燃点

物 质 名 称	燃点/℃	物 质 名 称	燃点/℃
磷	34	硫黄	207
橡胶	130	豆油	220
纸	130	烟叶	222
棉花	150	黏胶纤维	236
蜡烛	190	松木	250
布匹	200	无烟煤	280—500
苯酐	650	涤纶纤维	390

6.1.4　什么叫自燃点

炒菜时，一般总是先将食油放在锅内加热，在加热过程中，如油锅烧的太热、油就会突然起火。起火后，不要慌张，应立即将锅盖严，端下油锅，千万不能用水浇。

油锅起火是一种受热自燃的现象。使物质受热发生自燃的最低温度，就是该物质的自燃点，物质的自燃点越低，发生火灾的危险性就越大。但是，物质的自燃点是随压力、浓度、散热条件等的不同而相异的。压力增高，自燃点就降低。某些可燃物质的自燃见表 6-2。

表 6-2　某些可燃物质的自燃点

物 质 名 称	自燃点/℃	物 质 名 称	自燃点/℃
豆油	460	乙醚	180
花生油	445	二硫化碳	112
柴油	350～380	锌粉	360
煤油	240～290	黄磷	34～45
苯酐	584	正丁醇	340～420

6.1.5　什么叫闪点

当你走进车间，会有刺鼻的辛醇味。进入医院后，空气中总带有一种特殊的味道。这说明液体时刻都在向空中挥发蒸气，而且温度越高，挥发越快，蒸气浓度越大。闪点就是指可燃液体挥发出的蒸气和空气的混合物与火源接触时能够闪燃的最低温度。闪燃通常发出蓝色火焰，而且一闪即灭。因为可燃液体是其挥发的蒸气与空气混合遇明火而发生燃烧的，在闪点时它的蒸发速度并不快，生成的蒸气仅能维持一刹那的燃烧，来不及供应新的蒸气使其继续燃烧下去，所以闪燃一下就灭了。闪燃往往是火灾的先兆。闪点可以作为评定液体火灾危险的主要根据。不同的可燃液体有不同的闪点，闪点越低，着火危险越大。

按照各种液体的闪点，大致可分为以下四级两类。

① 第一级：闪点在 28℃ 以下的，如汽油、苯、酒精等。

② 第二级：闪点为 28～45℃ 的，如煤油、松节油等。

③ 第三级：闪点为 46～120℃ 的，如重油、石炭酸等。

④ 第四级：闪点在 120℃ 以上的，如桐油、润滑油等。

第一级和第二级的液体叫易燃液体类，第三级和第四级的液体叫可燃液体类。几种常见液体的闪点见表 6-3。

表 6-3　几种常见液体的闪点

液 体 名 称	闪点/℃	液 体 名 称	闪点/℃
汽油	−58～10	丙酮	−17
苯	−16	乙醚	−45.5
甲醇	9.5	乙酸乙酯	−5
乙醇	11	松节油	30
丁醇	40(开式)	DBP	185(开式)
辛醇	80(开式)	DOP	210(开式)
煤油	28～45	桐油	239

测定闪点的仪器有开式和闭式两种，开式一般用以测定闪点较高的液体；闭式通常用以测定闪点较低的液体。同一液体由于测定方法不同，其闪点的值也不同。开式测定的闪点要比闭式测定的高一些，其差值在 15～25℃。

6.1.6　什么叫爆炸极限

当可燃气体、可燃液体的蒸气或可燃粉尘与空气混合并达到一定浓度时，遇到火源就会发生爆炸。这个遇到火源能够爆炸的浓度范围，叫做爆炸极限。它通常用可燃气体、蒸气或粉尘在空气中的体积分数（％）来表示。

爆炸极限说明，可燃气体、蒸气或粉尘与空气的混合物，并不是在任何混合比例下都能发生爆炸，而是有一个发生爆炸的浓度范围，即有一个最低爆炸浓度——爆炸下限；和一个最高的爆炸浓度——爆炸上限。只有在这个浓度之间，才有爆炸的危险，当浓度低于爆炸下限时，遇明火，既不会爆炸，也不会燃烧；高于爆炸上限时遇明火，虽不会爆炸，但接触空气却能燃烧。某些可燃气体、可燃液体和粉尘的爆炸极限见表 6-4。

表 6-4　某些可燃气体、可燃液体和粉尘的爆炸极限

物质名称	爆炸极限（体积分数）/%		物质名称	爆炸极限（体积分数）/%	
	下限	上限		下限	上限
甲烷	5.00	15.00	乙醇	3.28	18.95
乙烷	3.22	12.45	丙醇	2.55	13.50
苯	1.5	9.5	丁醇	1.45	11.25
乙炔	2.5	80.00	氢	4.10	74.20
甲醛	3.97	57.00	小麦面粉	9.7g/m³	
乙醚	1.85	36.50	铝粉	40g/m³	
丙酮	2.55	12.80	苯酐	15g/m³	
甲醇	6.00	36.5			

6.1.7　常使用的灭火器的构造、性能和使用方法

常用的灭火器有泡沫、二氧化碳、四氯化碳、干粉等四种灭火器。

6.1.7.1　泡沫灭火器

在灭火器的钢筒内装有浓的碳酸氢钠溶液和少量空气泡沫液，筒中悬挂着一个开口的细长玻璃瓶，内装硫酸铝溶液。当用灭火器灭火时，将钢筒倒置，碳酸氢钠与硫酸铝作用产生的大量二氧化碳泡沫（相对密度 0.2~0.21）自喷嘴喷出覆盖在燃烧物表面，隔绝空气，同时泡沫也吸收了燃烧物表面的大量热，起到了降温灭火的作用。

使用泡沫灭火器时先用铁丝将喷嘴捅通，然后将灭火机倒置，喷嘴对准燃烧物，喷出泡沫就能灭火。

泡沫灭火器可用以扑灭比水轻的易燃液体的火，如油类、有机溶剂等。

如遇水能引起燃烧爆炸的物品着火（如金属钾、钠等）和电器设备着火，禁止使用泡沫灭火器灭火。

6.1.7.2　二氧化碳灭火器

在耐压钢瓶内充装液体二氧化碳，救火时只要把二氧化碳灭火器的阀门打开，将经过高压后的二氧化碳干冰喷洒在着火物的表面上，迅速气化时体积膨胀为原体积的 400~500 倍，吸收热量并使着火物表面空气中的二氧化碳浓度达到 35% 以上，氧气隔绝后火即扑灭。

二氧化碳是不良的导体，同时灭火器也比较干净，可用以扑救各种电器、仪器、设备等的火灾。也可用以扑救油类、有机溶剂等易燃液体的火灾。不适宜扑救金属钠、钾、镁、铝粉和铅锰合金物的火灾，因为会起化学作用。对于在惰性介质中可燃烧的硝化纤维、棉花等物质造成的火灾无效。

6.1.7.3　四氯化碳灭火器

在灭火器钢瓶内装有四氯化碳液体并充以 5~8atm（1atm＝101325Pa）氮气，使用时打开阀门将四氯化碳液体喷至着火物的表面立即气化成气体，当空气中四氯化碳的浓度达到 10% 以上时，燃烧即停止。

四氯化碳是不良导体，可以扑救电器火灾。对小范围的汽油、丙酮等发生的火灾，也具有较好的作用。

金属钾、钠和镁、铝粉等着火，电石、乙炔气等起火，不能用四氯化碳扑救。

使用四氯化碳灭火器时，由于四氯化碳蒸气有一定的毒性，使用时务必站在上风口。在

高温作业和空气不流通的场合使用时，注意不要过多的吸入四氯化碳分解出的有毒气体。

6.1.7.4　干粉灭火器

这是一种使用范围较广的灭火器。器内粉末的主要成分是碳酸氢钠等盐类物质，并加入了适量的润滑剂和防潮剂。在灭火器上装有二氧化碳，作为喷射的动力。

使用时，将灭火器提到火场附近，竖在地上，用手握紧喷嘴胶管，一手拉住提环，用力向上拉起，这时器内就会喷出一股带有大量白色粉末的强大气流，粉末盖在燃烧物上，成为隔离层，受热分解出不燃烧的气体，因此，灭火速度快。

干粉灭火器综合了泡沫、二氧化碳和四氯化碳灭火器的优点，适用于扑救油类、可燃气体、电气设备和遇水燃烧等物品的初起火灾。灭火器中的粉末是无毒的，在一般情况下不溶化、不分解、没有腐蚀作用，保存期相对长一些。

6.1.8　如何选用灭火器

① 一般固体物着火时，如果不忌水，可以用水或砂土覆盖，或用泡沫灭火器、二氧化碳灭火器灭火。

② 密度比水轻的物质燃烧时，只能用砂土、二氧化碳和泡沫灭火器灭，如果是油类或有机溶剂着了火，千万不能用水去灭火，因为油比水轻，着火时如果浇水，火随油浮起，到处流散，增加了与空气的接触面积，结果不但不能灭火，火势反而会愈烧愈旺。

③ 溶于水或密度比水重的物质燃烧时，可用水、泡沫灭火器、二氧化碳灭火器灭火。

④ 一般液体燃烧最好不用水灭火。容易由于流动而扩大火场，而酸液还容易飞溅以致灼伤人体。可用砂土、泡沫灭火器、二氧化碳灭火器灭火。

⑤ 仪器设备着火，应先切断电源，再用二氧化碳或四氯化碳灭火器灭火。

⑥ 电气着火，最好先切断电源，如切不断时，可用四氯化碳、二氧化碳扑救。禁止使用水和泡沫灭火器。由于水和泡沫灭火剂都能导电，当触及带电物时犹如一根电线把人与带电体连在一起而触电，因此不允许用这些方法救火。

6.2　化工生产安全规定

6.2.1　生产厂房防止火灾危险的措施

根据异丁醇、丁醇、辛醇、苯酐的闪点、物料性质和爆炸极限，生产厂房的火灾危险性类别属于甲类。为防止火灾发生要采取以下措施。

6.2.1.1　防止火源

① 生产区严禁吸烟和携带火种，如禁止带打火机等进入车间。严禁在车间接、打电话。

② 禁止边生产边使用电气焊检修，严禁在生产现场使用可移动式电气设备进行切割等检修作业。

③ 禁止使用明火加热设备，如电炉等。

④ 厂房内电气设备如电灯、电气开关、电机等要求防爆。

⑤ 厂房内禁止撞击打火。

⑥ 生产厂房按中华人民共和国现行标准《建筑设计防火规范》GB 50016—2006 执行（现 2012 送审稿待批还未实施）。

6.2.1.2　防止静电

输送醇、苯酐与粗酯物料的管道要求有静电接地，法兰上的垫片是绝缘的，应在法兰上设置金属连接片导电。

6.2.1.3 防止雷击

生产厂房要安装避雷设备，以防止雷击起火。

6.2.1.4 防止跑、冒，滴、漏

严防设备的跑、冒、滴、漏。

6.2.1.5 加强管理，严格执行动火制度

检修前必须将设备、管道、现场等清洗整理干净，如需要动火检修，要有动火申请和相关职能部门的审批。

6.2.2 使用酸碱的防护措施

（1）使用酸、碱时一定要穿戴好防护用品　强酸如硫酸、盐酸、硝酸等，强碱如氢氧化钠，属强腐蚀性物质，对人体能引起严重的灼伤，灼伤面积过大或发生事故时，未及时急救者甚至会有生命危险。溅到眼里，可引起视力减退，甚至失明。

为了防止对人体的损害，在操作时一定要穿戴好防护用品，如眼镜、胶手套、胶靴、皮围裙等。

一旦不小心碰溅到身上时，要立即在现场用大量水冲洗。若是水少的话，它与浓硫酸混合所放出的热不易散失，反而更严重地烧伤皮肤，水冲洗后再用 2% 小苏打水溶液冲洗更好。在一般紧急处理后应立即到医院治疗。

（2）不能把水倒入浓硫酸中，只能把浓硫酸慢慢地倒入水中　因为浓硫酸与水相遇，就会放出大量的热。浓硫酸比水重，它比同体积的水差不多要重一倍。如果把水倒入浓硫酸，水就浮在浓硫酸上面，当水和浓硫酸混合放出大量热时，水就会猛烈地沸腾起来，夹带着硫酸四处飞溅造成烫伤。因此在浓硫酸稀释成稀硫酸时，一定要注意把浓硫酸缓慢地倒入水中。同时，一定要在耐热的容器里边搅拌，边倒入混合，以防容器受热爆裂和避免水沸腾飞溅出来。

6.2.3 安全检修

检修工作中应十分重视安全，许多事例证明，在检修中事故发生率要远远高于正常生产。为保证检修工作中的人身安全、设备安全及防止火灾的发生，特对有关安全检修知识介绍如下。

（1）机械事故的防止

① 传动的机泵，安全护罩不齐全不允许使用，不能在运转中对有关部件进行紧固和擦洗。

② 起重设备时，吊车臂下及被吊装物下部严禁站人；手动吊链下部严禁站人。

③ 运送设备时，禁止人与设备混装。

④ 挪动设备时，设备滚动前方及设备倾斜方向严禁站人。

⑤ 启运设备的电梯、升降装置应符合安全规定，不准人和设备一起启运。

⑥ 吊装设备的人工绞盘，不得在人力不足情况下或无人顶换情况下绞动，防止回转伤人。

（2）电器事故的防止

① 特殊工种工作人员应持证上岗，并应定期参加培训、换证。

② 非电气、仪表维修人员，不得进行电气、仪表故障的排除。

③ 非电气维修人员不得进行电焊机等电气的接线、拆线。

④ 非焊工工种人员不得动用电焊工具，电焊线连接处要做好绝缘，要保证焊线在干燥处铺没，工作结束后将线盘好，焊钳与地线隔离，切断电源。

⑤ 维修电气设备时，应挂上"有人检修。禁止合闸"的警示牌，防止被人合闸触电。

⑥ 移动式电动工具使用时必须接有漏电保护器，防止漏电事故的发生。

（3）高空作业事故的防止

① 要有牢固的脚手架及护栏。

② 不便搭脚手架的作业，要戴好安全带。

③ 高空作业下方不准站人，必须有人协助作业时，应配戴好安全帽。

④ 拆卸设备或紧固设备时，要抓紧设备的牢固部位，防止滑松跌落。

⑤ 维修后要及时拆除脚手架，防止日常风化，再发生事故。

（4）釜内（罐内）作业事故的防止

① 认真蒸煮设备，认真清理釜内的易燃物。

② 用冷水刷洗，将设备降温至35℃以下，并进行空气置换。

③ 动火前应严格试火，动火时人孔处有专人监护。

④ 釜内作业应进行作业申请，经有关部门审批后方可进行作业，上面要有专人监护，严禁一个人进行釜内作业。

⑤ 釜内作业人员应戴好防护口罩，并保持釜内通风良好。

（5）火灾事故的防止

① 检修部位的动火要严格覆行动火申请制度，批准后方可动火，禁止私自延长动火期和扩大动火区域。

② 气焊用的乙炔气、氧气瓶要保持合理的距离，并要存放在干燥通风处。

③ 接触物料的设备与动火部位要脱离金属连接，防止静电火灾。

④ 认真清理管道中的可燃物料，防止焊接时引燃起火。

⑤ 动火现场要有专人监护，动火后将现场清理干净，防止余火造成事故。

（6）其他事故的防止

① 认真清理维修现场，做到现场无杂物，无积水（冰），无物料撒漏，防止滑倒摔伤。

② 认真清理管线内的可燃物料及硫酸，防止烧伤。焊接管线的人不得直对管口，防止喷出物料烧伤。

③ 检修蒸汽管路时，应挂示"警示牌"，防止检修中途供汽造成烫伤，拆卸前要切断汽源，并将管道和设备的蒸汽泄净。

④ 拆卸法兰时，人的头部应避开法兰连接处，防止喷出物料蒸气造成烫伤等事故。

⑤ 禁止穿硬底（皮底、带钉子）的鞋进行修，防止滑倒摔伤。

⑥ 要回避电焊火光，防止电光灼眼。

⑦ 人身因某种原因起火时，严禁用 CO_2 干冰灭火器灭火，以防烧伤后的冻伤。

6.3　事故案例与教训

6.3.1　火灾事故

【事故一】　某厂在生产二异丁酯时，酯化塔醇回流视盅采用非防爆照明灯悬挂于旁，一次塔顶换热器突然停冷却水，导致醇回流玻璃视盅炸裂并喷出醇蒸气，醇蒸气又将照明灯泡击炸破裂酿成丁醇蒸气与明火接触起火。

教训：二异丁酯生产车间属于甲级防爆车间，不允许有非防爆照明安装在生产线上。

【事故二】 某厂在生产二辛酯时，反应釜计量失灵，釜内投料液位到达釜顶，釜顶人孔法兰不严密，物料从人孔法兰溢出流入反应釜外加热管表面引起火灾。

教训：非酸催化剂工艺反应釜外加热管温度很高，正常升温时可达到 260～280℃，只要遇到物料就会自燃，因此应保证投料的计量准确和设备严密性，防止物料泄漏。

【事故三】 某厂工人在脱醇塔底过热蒸汽加热操作中于供电后未开供汽阀门，造成加热器过热烧毁引起火灾。

教训：

① 塔底过热蒸汽预热时应先开启供汽阀门后供电；停止供汽时应先断电后关闭供汽阀门；

② 停止供汽断电后切勿忘记关闭供汽阀门，以防止塔内物料进入电加热器，为燃烧提供可燃介质。

6.3.2　烫伤事故

【事故一】 某车间在检修蒸汽阀门后，立即将蒸汽总阀门打开试漏，结果车间另一处正在检修蒸汽管路的维修工被蒸汽烫伤。

教训：

① 检修管理混乱，未做统筹安排；

② 蒸汽系统检修或电气设备检修，应在切断汽源或电源处设立"警示牌"标明"有人作业，切勿供汽或供电"，以防烫伤和触电事故的发生。

【事故二】 某厂在生产二辛酯时，酯化釜底回流管堵塞，操作人员在酯化釜有料（约 140℃）的情况下拆下釜底回流管法兰，想用釜内真空疏通管路，不料遇上临时停电导致釜内真空急速下降，酯化料从釜底喷出烫伤疏通回流管操作人员，同时一釜酯化料全部流失。

教训：釜内有物料时，不应进行拆除管路和阀门的检修作业，防止烫伤人员或造成跑料事故。

【事故三】 某维修工在检修加硫酸管路时（加酸管路堵塞），拆开法兰后导致硫酸喷出，造成维修人员的手臂烫伤。

教训：

① 接触硫酸作业要配戴齐全防护手套、眼镜、围裙；

② 皮肤接触硫酸应立即用大量水冲洗，浓硫酸遇水放出稀释热易造成皮肤的烧伤。

6.3.3　生产中安全事故案例分析

【事故一】 皮带传动致伤

某厂真空泵房一女操作工，未戴安全帽去擦转动的真空泵，低头时头发被卷进泵的传动轮，操作工用劲摆头，导致头发连同头皮部分脱落，幸免未酿成更大事故。

教训：

① 传动设备在转动时不准擦洗、紧固转动部位或接近转动的部位；

② 操作人员应佩戴齐劳保用品，长发应盘在工作帽里，此事故就不会发生了。

【事故二】 提升机致伤

某厂工人搭乘运送苯酐的提升机上楼检修，提升机运转中途跌落，该工人脚后跟粉碎性骨折致残。

教训：

① 提升机未及时检修，存在事故隐患；

② 提升机不准载人。

【事故三】　某厂工人在车间内巡回检查，地上有物料滑倒在地，致使椎骨骨折损害神经，长期卧床不起。

教训：应保持生产操作区域干净整齐，地面无物料、无积水、无杂物，防止生产人员滑倒摔伤。

6.4　化工安全生产禁令

(1) 生产厂区十四个不准

① 加强明火管理，厂区内不准吸烟。

② 生产区内，不准未成年人进入。

③ 上班时间，不准睡觉、干私活、离岗和干与生产无关的事。

④ 在班前、班上不准喝酒。

⑤ 不准使用汽油等易燃液体擦洗设备、用具和衣物。

⑥ 不按规定穿戴劳动保护用品，不准进入生产岗位。

⑦ 安全装置不齐全的设备不准使用。

⑧ 不是自己分管的设备、工具不准动用。

⑨ 检修设备时安全措施不落实，不准开始检修。

⑩ 停机检修后的设备，未经彻底检查，不准启用。

⑪ 未办高处作业证，不系安全带，脚手架、跳板不牢，不准登高作业。

⑫ 石棉瓦上不固定好跳板，不准作业。

⑬ 未安装触电保安器的移动式电动工具，不准使用。

⑭ 未取得安全作业证的职工，不准独立作业；特殊工种职工，未经取证，不准作业。

(2) 操作工的六严格

① 严格执行交接班制。

② 严格进行巡回检查。

③ 严格控制工艺指标。

④ 严格执行操作法（票）。

⑤ 严格遵守劳动纪律。

⑥ 严格执行安全规定。

(3) 动火作业六大禁令

① 动火证未经批准，禁止动火。

② 不与生产系统可靠隔绝，禁止动火。

③ 不清洗，置换不合格，禁止动火。

④ 不消除周围易燃物，禁止动火。

⑤ 不按时作动火分析，禁止动火。

⑥ 没有消防措施，禁止动火。

（4）进入容器、设备的八个必须

① 必须申请、办证，并取得批准。

② 必须进行安全隔绝。

③ 必须切断动力电，并使用安全灯具。

④ 必须进行置换、通风。

⑤ 必须按时间要求进行安全分析。

⑥ 必须佩戴规定的防护用具。

⑦ 必须有人在器外监护，并坚守岗位。

⑧ 必须有抢救后备措施。

（5）机动车辆七大禁令

① 严禁无证、无令开车。

② 严禁酒后开车。

③ 严禁超速行车和空挡溜车。

④ 严禁带病行车。

⑤ 严禁人货混载行车。

⑥ 严禁超标装载行车。

⑦ 严禁无阻火器车辆进入禁火区。

6.5　操作工的六严格

6.5.1　严格执行交接班制

6.5.1.1　严格交接班的重要性

由于化工生产的特点，决定了严格交接班的重要性。

（1）化工生产的高度连续性　一个产品的生产过程，往往需要几个班次的工人交替作业。每一个班次的生产操作，一般包括接班、工艺指标控制、程序操作、巡回检查及交班等内容。交接班是生产中操作工相互衔接、协调的过程，是一个班次的结束，另一个班次的开始，是保证生产连续正常进行的重要环节。每一个班次的工人在开始生产前，必须了解上一班次生产情况，设备情况及有无遗留问题。这个了解情况的过程就是通过交接班手续来完成的。如果交接班不严格，马马虎虎交班，糊里糊涂接班，接班者就无法弄清上一班的情况和存在的问题，无法及时对事故隐患采取防范措施，就可能使隐患进一步扩大或出现意外情况时束手无策，以导致发生重大事故。

1998 年 7 月 1 日，某化工厂一车间防染盐 S 磺硝化工段的一台硝酸液下泵更换法兰垫圈。下午一时开始检修，到二时十五分垫圈还未更换完毕，其中正值早、中班交接。早班未交代清楚，接班者也未弄清情况，更未到现场检查，一名中班工人盲目开动液下泵，硝酸喷出，正在检修的四名工人均被灼伤，由于现场无清水，灼伤者慌忙跳入污水池，加重了污染，其中两名抢救无效死亡。

（2）化工生产反应过程的复杂性　化工生产过程一般都有高温、高压、反应复杂的特点；化工厂生产所用的原料，反应过程中的中间产物或最终产品大都是易燃、易爆或有毒有害的危险物品，这些危险物品又会随外界条件变化而随时有可能发生意外情况。这些特点决定了化工生产的复杂性和危险性。在操作时稍有差错，就可能发生重大事故。这就要求操作工对本岗位的各种物料的状况及生产过程的变化情况，都要了解得一清二楚，操作工由于班次的变换而不能自始至终掌握这种情况，只能靠交班者把有关情况向接班者交代清楚。如果交接班不严格，接班者就会心中无数，而可能使操作失误，最终导致发生事故。

某市化工厂，在 1996 年 8 月 12 日发生一起三氯异腈尿酸爆炸事故。这个厂试验生产三氯异氰尿酸时，在成品过滤后没有进行洗涤以消除游离氯、三氯化氮等危险品，就让成品静置一夜。在静置过程中，成品温度回升，残存的三氯化氯挥发形成爆炸物。第二天交接班时，交班者未交代清楚，接班者打开塑料盖时成品受到震动，引起三氯化氮爆炸，致使二人重伤，三人轻伤。

（3）化工设备的复杂性　化工生产所用的设备如塔、釜、罐、机、泵等，品种规格繁多、结构多变。这些设备在使用上也是多人轮流连续使用，不像一般机械行业的机械设备是专人专用。由于这些设备一般都在高温、高压下连续运行，并有腐蚀介质的腐蚀。因此这些设备的状况时刻都在变化，只能靠观察、预测设备的运行及变化情况。靠交班者把这种情况向接班者交代，使接班者能正确采取有效措施来维持设备正常运行或及时停车检修排除隐患，实现周期安全生产，如果交班者隐瞒设备缺陷或交代不清，接班者也不认真查问，带着隐患操作或盲目改变操作条件，就有可能导致事故的发生。

1994 年 3 月 11 日某电石厂电石车间二号电石炉在早班时发现电极软断苗头，车间有关人员对这一情况也没有引起足够的重视，也未采取有力措施，还错误地采取停风的办法。早班在和中班交接时只简单地说了情况，中班未详细检查就马马虎虎地接了班。接班者由于对设备隐患的情况不明，思想上未引起足够的重视，在未对电极硬度进行检查的情况下，盲目下放电极，致使电极软断喷火，烧死三人。

6.5.1.2　怎样严格进行交接班

不同工种、不同岗位交接班的具体内容也各有不同，一般讲，交接班时应做到以下要求。

（1）准时　接班人员应提前到达自己的工作岗位，保证有足够的时间进行预先检查。

（2）对口交接　接班人员到齐后，由交班班长和接班班长、各岗位的交接人员相互对口交接。

（3）严格认真

① 交接中对重要的岗位要一点一点交接。如关键化工设备及有关的安全附件，操作控制仪表等都要逐一交代，不可疏忽。

② 对重要数据如原材料的耗量，重要工艺指标等，要一个一个地交接。

③ 对重要的生产工具与各种消防、防护器材等，要一件一件地交接。

④ 交接班时应谨慎细致，应该看到的就要看到，应该听到的就要听到，应该用手摸到的就要摸到。

（4）坚持做到"五交"、"五不交"

五交如下。

① 交本班生产、工艺指标、产品质量和任务完成情况。

② 交各种设备、仪表运行及设备、管道的跑、冒、滴、漏情况。

③ 交不安全因素及已采取的预防措施和事故处理情况。

④ 交原始记录是否正确完整和岗位区域的清洁卫生情况。

⑤ 交上级指令、要求和注意事项。

出现下列情况应做到"五不交"。

① 生产情况、设备情况不明，特别是事故隐患不明不交。

② 原始记录不清不交。

③ 工具不齐不交。

④ 岗位卫生不好不交。

⑤ 接班者马虎不严格不交。

（5）严格手续，建立交接班记录　交接班手续完成后，由双方班长和各岗位的操作工分别填写交接班记录，将交接情况详细记录并在记录上签字，以便查寻。

接、交班长还应各自召集本班人员开班前或班后会，提出安全生产要求或进行班后总结。

6.5.2　严格进行巡回检查

6.5.2.1　严格进行巡回检查的重要性

化工生产比较复杂，主、辅设备繁多，且通常采用集中控制操作，在自动化程度不太高的情况下，操作工不可能同时顾及本岗位的所有设备。同时对生产过程中的温度、压力、液位等工艺指标要求严格。这些指标及设备运行情况经常随反应条件的变化而变化，有时还受前后工段的制约和影响，这就要求操作工根据这种变化情况随时采取适当的措施来调整设备运行和控制工艺指标。为了及时了解和掌握这种变化情况，就必须严格进行巡回检查。否则，小小的一个疏忽就可能造成大的事故。

1994 年 3 月 17 日，某化工厂的消沫剂车间由于冷却盐水管被异物堵塞，使反应釜内冷冻量不足，釜内温度升高，而操作工未能进行巡回检查，没有及时发现釜内温度、压力的变化，未能采取调节措施，最后因温度升高使反应加剧，造成釜内温度、压力急剧上升，将釜上防爆膜冲破，物料冲出，一釜物料报废，造成很大损失。

6.5.2.2　如何进行巡回检查

（1）巡回检查内容　巡回检查主要是检查本岗位范围内的生产情况和设备运行情况，主要有以下五个方面。

① 查工艺指标：如压力、温度、液位、反应时间，反应产物的数量、浓度、成分等工艺指标是否符合要求。

② 查设备：其运行状况、坚固情况，润滑情况是否完好。

③ 查安全附件：如温度计、压力表、液位计的指示是否正确，安全阀、防爆膜（片）是否完好。

④ 查是否有跑、冒、滴、漏。

⑤ 查是否有事故隐患。

（2）巡回检查路线　巡回检查路线应将所需检查的设备、设施、操作点、控制点都包括在内，力求线路合理，检查内容全面。

（3）巡回检查周期　根据本岗位生产情况，确定巡回检查周期。如有异常情况，应加强检查或有重点地检查。

（4）检查人员　按本岗位人员配备情况，确定专人负责巡回检查或轮流进行检查。

（5）检查方法

① 听声音。是否有不正常声音，以判断设备运行情况。

② 看仪器仪表显示数，阀门开关位置，设备运行状况，以判断生产工艺过程及设备完好情况。

③ 摸紧固件有无松动，设备运转是否平稳，设备表面温度是否正常，判断设备运行完好情况。

④ 有条件的单位应采用自动检测设备，监视设备运行情况，测定周围环境中物质浓度，以判断是否有物料外溢及设备管道的跑、冒、滴、漏情况。

6.5.2.3　巡回检查后的处理

(1) 迅速采取措施　根据情况维持原有的操作或采取适当调整措施和有效的安全措施，甚至在情况危急时可紧急停车。

(2) 加强信息传递　把本岗位的变化情况迅速向工段长或值班长汇报，在需要时可直接和前后工段联系。

(3) 做好检查记录　按照巡回检查内容、周期和路线的要求，填写好巡回检查记录。

6.5.3　严格控制工艺指标

6.5.3.1　工艺指标的概念

在化工生产工艺过程中，都有一个根据物理或化学反应的客观规律和设备状况，经优选后确定的最佳反应和运行条件，这就是工艺指标。如投料比、反应时间、温度、压力、流量、液位、升降温速率、中间产品及成品的成分，以及设备运行指标（如温度、压力、电流等）。

6.5.3.2　严格控制工艺指标的重要意义

(1) 保证化工生产连续顺利进行　一个化工产品往往要包括几个反应过程，经过几个岗位才能完成。在生产中往往采用管道化、连续化生产方式。为了确保生产从起始到结束连续顺利进行，就必须制订出各岗位的工艺指标，作为各岗位的任务，并严格执行，才能保证生产正常、连续地进行。

(2) 取得最佳经济效益　不同的反应条件会得到不同的反应结果。反应产物的吸收率直接关系到原辅材料的消耗，反应时间直接影响生产效率，产品成分决定了产品质量。选用最佳反应条件就能得到最大的吸收率，能创造最高生产效益，获得最好的产品质量。这就是说，严格控制工艺指标就能使企业得到最佳经济效益。

(3) 确保生产安全　工艺指标不仅关系到生产能否顺利进行，更重要的是直接影响生产过程中的安全。

① 提高温度、压力对安全的影响。提高温度、压力通常能加快化学反应速率，反应速率的加快能放出更多的热量，使温度、压力进一步升高，形成连锁反应而导致发生爆炸事故。化工生产选用的设备是在选定的条件下设计的。只能承受一定的压力和温度。化学反应的温度、压力提高了，会使设备强度降低，甚至因设备超温超压而发生爆炸。

1994 年 9 月，某化工厂苯甲酸车间氧化工段精馏釜夹套中的石蜡（载热体），由于电加热时间太长，超温，造成石蜡爆沸，并从放空管和夹套与釜的接合法兰处喷出，造成三人不同程度烫伤，其中一人抢救无效死亡。

② 投放原料的性质和数量对安全的影响。化工生产工艺流程及生产岗位设施、设备的选用是根据该产品的生产特点设计而成的，它有一定的适应范围，投放原料物化性质的变异或投料量的改变，就有可能发生不同的反应或改变反应速率，出现超温超压现象，超过设备

的允许范围，使生产系统无法承受而发生危险。

1994 年 6 月 11 日，某化工厂五硫化二磷车间，由于操作人员开车前未认真检查，当发现加磷过量时，应急措施不当，磷阀关闭，硫阀未关，连续投硫，致使反应剧烈，引起反应锅爆炸，造成四人死亡，一人重伤，六人轻伤和车间全部摧毁。

③ 反应物的成分对安全的影响。化工生产过程涉及的有毒、易燃、易爆物质较多，因此在制订工艺指标时，首先考虑控制反应产物中有害物质特别是能引起可燃物燃烧爆炸的氧气含量，若氧气或其他有毒物质的含量超过了限度，就会出现爆炸或中毒事故。

1992 年 4 月，某省一化肥厂在检修后开车，造气车间煤气炉不正常，煤气中氧含量超指标，分析工没有及时发现。大量含氧量高的煤气进入气柜，导致 1000m³ 气柜爆炸，气柜罩飞上天空。

6.5.3.3　怎样严格控制工艺指标

（1）建立和健全工艺指标管理制度　企业在生产中要加强对工艺指标的管理，把各岗位的工艺指标以书面形式下达给车间各岗位。各岗位都要把本岗位的工艺指标贴在岗位操作台上方。每一个操作工都要形成一个明确的观念，工艺指标就是生产中的法律，必须严格遵照执行，不得违反。

在需要更改工艺指标时，生产管理部门必须有书面工艺指标更改通知书，下达给有关岗位执行。重要工艺指标的更改还应得到厂长或总工程师的批准。对上级下达的指标和设计要求企业不得随意改动。

生产管理部门要按月统计工艺指标合格率，作为实行经济责任制考核依据。

（2）提高操作工的操作技术素质　操作工的技术水平高低直接影响工艺指标的执行。各企业要对操作工进行技术培训，开展技术练兵，使操作工不但能严格控制好工艺指标，而且能预测物化反应及设备运行的变化趋势，及时采取调节措施，尽量不使工艺指标偏离或及时纠正偏差，从而提高工艺指标的合格率。

6.5.4　严格执行操作法（票）

化工生产过程中，为协调各部门的关系，完成某项操作而下达的程序指令称为操作票。如：开停车票、交换工艺条件操作票、停送电操作票等。

6.5.4.1　严格执行操作票的重要意义

（1）提高企业管理水平　现代化工生产管理中，实现数据管理，重视信息和信息反馈。操作票就是为加强生产指挥系统而传递的各种信息；是现代管理的一项重要基础工作；也是考核经济责任制实行情况的基本依据。实行操作票制度，是提高企业管理水平的一项重要措施。

（2）防止发生意外事故　化工生产过程中，经常碰到开停车、停送电、停输送物料、进入设备内部检查等作业。在这些作业中，需要调度系统的指挥，部门之间的协调，操作工之间的相互联系。这种指挥、协调、联系的依据就是操作票。企业的一切人员必须按操作票所示的各种指令去执行，否则就会盲目、被动、甚至发生意外事故。

1983 年 3 月，某市供电部门检修一个变电所，操作票规定下午三时检修完毕送电。到下午一时左右，工作量大部分完成，指挥现场施工的班长，估计再有半个小时就可以完工，就自行离开现场到几里外的送电站去。这个班长走到送电站一半时，就叫送电，送电站的人员也忽略了照票操作的规定，提前送了电，谁知变电所并未全部完成检修。合闸后，使正在线路上的五个人统统触电坠落，造成二人重伤，三人轻伤的重大事故。

这个案例说明，在执行操作票时要严格认真，光有操作票这个形式，做不到严格二字仍然要出事故。

6.5.4.2　如何办理操作票

不同工种，解决不同的问题需要不同的操作票。

① 办理开停车、停送电、工艺指标更改通知、检查设备、停输送物料等的操作票，应由下达指令的部门填写，送交执行部门实施。操作票上应写明操作项目、要求、起始时间、完成时间、操作安全注意事项等，并有下达人签字。执行人要按照指令要求，按时完成操作。操作任务完成后由执行人将完成情况填写在操作票上回送到下达部门。操作人中如遇特殊情况，不能在规定时间内完成操作任务，必须立即向下达部门报告，下达部门应根据新情况开出新的操作票。

② 办理动火证、派车单、危险物品准运证等操作票，应按有关特殊规定办理。

③ 告示性操作票，如"线路检修，禁止送电"、"有人工作，严禁启动"等，可由有关车间在检修作业时指定专人负责挂在作业地点。

6.5.5　严格遵守劳动纪律

现代化工业生产是靠严密的劳动组织来保证的，严密的劳动组织又是靠严格的劳动纪律来维持的。严格遵守劳动纪律是执行各项规章制度的前提条件。特别是现代工业要求必须在严格的劳动纪律下，精心操作，万万不可认为化工生产自动程度高而可以马马虎虎、自由自在。在化工生产中，常常因违反劳动纪律而发生不少重大事故。

【例一】　1992 年 8 月 31 日，某化肥厂一名操作工在班上睡觉，而且不准别人叫他。当天，碳化开车时，设备泄漏，泄漏出的有毒气体使这个工人中毒，别人以为他还在睡觉，也未叫他，很久后再叫他时，已经死亡。

【例二】　某化工厂聚合工段，有两名操作工违反劳动纪律，一人在岗位上睡觉，另一人去厕所，致使二号聚合釜加热时间超过规定时间，造成超压，加上安全阀门失灵不动作，压力将聚合釜孔垫料冲开，大量氯乙烯气体冲出并产生静电火花，引起氯乙烯气体爆炸。

【例三】　1994 年 9 月 15 日，某电化厂聚氯乙烯车间氯乙烯工段在进行氯乙烯单体贮槽排污操作时，由于劳动纪律松懈，当班七人中，一人串岗，一人到医务室，一人在车间办公室看报，工段长和另一人去领料，途中到仪表组游说，违纪者占上班人数的一半以上。结果排污口十多分钟无人看管，氯乙烯单体大量逸出，当按电钮停压缩机时，引起爆炸，造成二人重伤，全部损失计 13.5 万元。

上述事故案例告诫我们，化工操作人员必须严格遵守劳动纪律，严守岗位，精心操作，才能确保安全。

6.5.6　严格执行安全规定

操作工在化工生产中是主要的，而且是综合性的工种，在现场除严格执行以上五条要求外，还有许多与安全生产有关的其他规定，如产品工艺规程；安全技术规程；检修安全规程；岗位操作法；安全动火规定；进入容器安全规定；小型机具使用安全规定等，有的是自己要认真执行的，有的是配合其他工种执行的，有的则是在自己岗位管辖的范围内，监督别人执行的。在生产岗位上只有认真地执行有关的安全规定，才能保证生产的顺利进行。若违反这些规章制度，就会引起许多事故。据 1991 年全国化肥行业的统计，发生 244 起事故，其中违章引起有 175 起。占事故总数的 72%，可见违章作业是造成当前事故的主要原因。

【例一】 1992 年 2 月 11 日，某磷肥厂的石灰窑生产时，需将焦炭、石灰石倒入窑内，按规定要把物料加满后，才许点火，点火后不准再进入窑内。但两名工人未遵守这一规定，在 11 日上午点火后，12 日又进窑扒平物料，进窑后二人均中毒死亡。

【例二】 1990 年 9 月 16 日，某省橡胶厂一名操作工，攀登内胎单体硫化机进行检修，违反了"必须切断电源后，才能检修"的安全规定，由于电源未切断，自动控制机关定时启动，打开模盖，该操作工被自动打开的模盖挤压死亡。

【例三】 1991 年 7 月 27 日，某化工厂电石车间，操作工不按操作规程办事，出炉电石应该降温 50～60min，可是，只冷却了 27min 就起吊，由于冷却时间短，尚未凝固，造成大块电石脱落掉碎，由于地面潮湿，热电石落地后，生成乙炔气体而发生爆炸、燃烧，两人均被烧死。

思 考 题

1. 燃烧必须具备哪些条件？灭火的原理是什么？
2. 什么叫燃点、自燃点、闪点、爆炸极限？
3. 确定易燃液体类和可燃液体类的依据是什么？
4. 常用的灭火器有哪几种？如何使用？
5. 防止厂房火灾的措施有哪些？如何扑救辛醇、DOP 成品及苯酐火灾？
6. 接触硫酸作业应严格遵守哪些安全规定？为什么？
7. 设备检修容易发生哪些事故？如何预防？

第7章 DOP 仿真系统

7.1 DOP 仿真系统学员站基本操作

7.1.1 程序启动

学员站软件安装完毕之后，软件自动在"桌面"和"开始菜单"生成快捷图标。

7.1.1.1 学员站启动方式

软件启动有两种方式如下。

(1) 双击桌面快捷图标"DOP 生产仿真系统"： 。

(2) 通过"开始菜单——所有程序——东方仿真——DOP 生产仿真系统"启动软件。
软件启动之后，弹出运行界面，如图 7-1 所示。

图 7-1　系统启动界面

7.1.1.2 运行方式选择

系统启动界面出现之后会出现主界面，如图 7-2 所示，输入"姓名、学号、机器号"，设置正确的教师指令站地址（教师站 IP 或者教师机计算机名），同时根据教师要求选择"单机练习"或者"局域网模式"，进入软件操作界面。

【单机练习】是指学生站不连接教师机，独立运行，不受教师站软件的监控。

　　【局域网模式】是指学生站与教师站连接，老师可以通过教师站软件实时监控学员的成绩，规定学生的培训内容，组织考试，汇总学生成绩等。

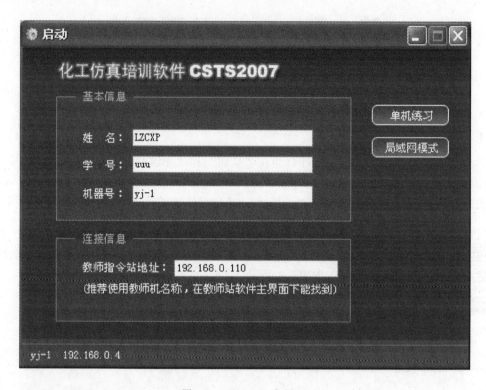

图 7-2　PISP. net 主界面

（考试必须在局域网模式下运行软件；建议平时练习也通过局域网模式）

7.1.1.3　工艺选择

　　选择软件运行模式之后，进入软件"培训参数选择"页面，如图 7-3 所示。

　　【启动项目】按钮的作用是在设置好培训项目和 DCS 风格后启动软件，进入软件操作界面。

　　【退出】按钮的作用是退出仿真软件。

　　点击"培训工艺"按钮列出所有的培训单元。根据需要选择相应的培训单元。

7.1.1.4　培训项目选择

　　选择"培训工艺"后，进入"培训项目"列表里面选择所要运行的项目，如冷态开车、正常停车、事故处理。每个培训单元包括多个培训项目，如图 7-4 所示。

7.1.1.5　DCS 类型选择

　　ESST 提供的仿真软件，包括有四种 DCS 风格，有"通用 DCS 风格、TDC3000、IA 系统、CS3000"。根据需要选择所要运行 DCS 类型，单击确定，然后单击"启动项目"进入仿真软件操作画面，如图 7-5 所示。

　　【通用 DCS】仿国内大多数 DCS 厂商界面。

　　【TDC3000】仿美国 Honywell 公司的操作界面。

　　【IA 系统】仿 Foxboro 公司的操作界面。

　　【CS3000】仿日本横河公司的操作界面。

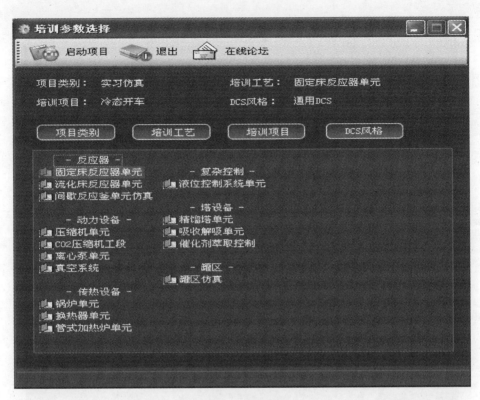

图 7-3　工艺选择

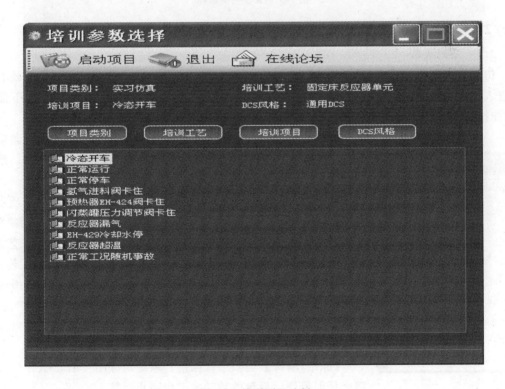

图 7-4　培训项目选择

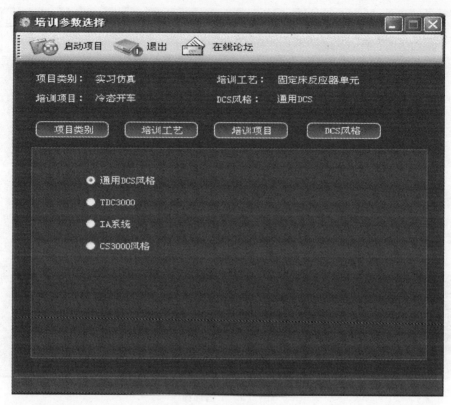

图 7-5　DCS 类型选择

7.1.2　学员站程序主界面

7.1.2.1　工艺菜单

仿真系统启动之后，启动两个窗口，一个是流程图操作窗口，一个是智能评价系统。首先进入流程图操作窗口，进行软件操作。在流程图操作界面的上部是"菜单栏"，下部是"功能按钮栏"。如图 7-6 所示。

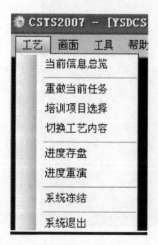

图 7-6　工艺菜单

"工艺"菜单包括当前信息总览，重做当前任务，培训项目选择，切换工艺内容，进度存盘，进度重演，冻结/解冻，系统退出。

【当前信息总览】显示当前培训内容的信息，如图 7-7 所示。

【重做当前任务】系统进行初始化，重新启动当前培训项目。

【切换工艺内容】退出当前培训项目，重新选择培训工艺。

【培训项目选择】退出当前培训项目，重新选择培训工艺。

【进度存盘】进度存档，保存当前数据。以便下次调用时可直接从当前工艺状态。如图 7-8 所示。

【进度重演】读取所保存的快门文件（*.sav），恢复以前所存储的工艺状态。

【冻结/解冻】类似于暂停键。系统"冻结"后，DCS 软件不接受任何操作，后台的数学模型也停止运算。

【系统退出】退出仿真系统，如图 7-9 所示。

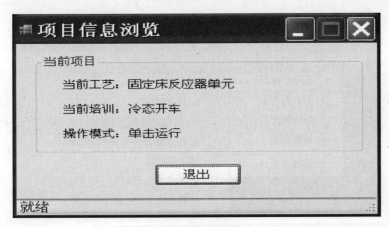

图 7-7 信息总览

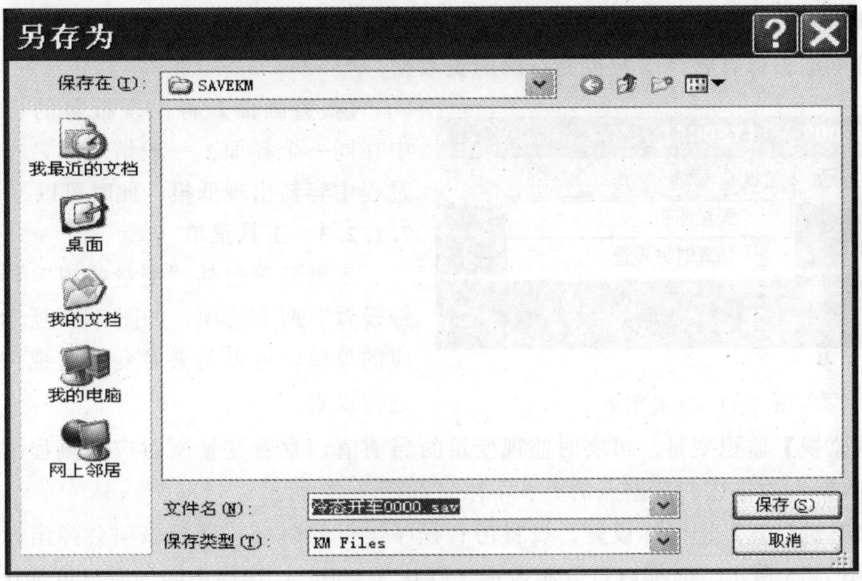

图 7-8 保存快门

图 7-9 系统退出

7.1.2.2 画面菜单

"画面"菜单包括程序中的所有画面进行切换，有流程图画面、控制组画面、趋势画面、报警画面、辅助界面。选择菜单项（或按相应的快捷键）可以切换到相应的画面如图 7-10 所示。

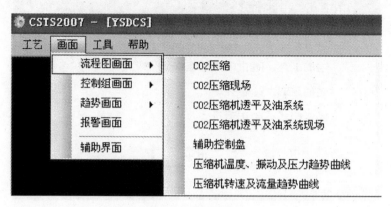

图 7-10　画面菜单

【流程图画面】用于各个 DCS 图和现场图的切换。

【控制组画面】把各个控制点集中在一个画面，便于工艺控制。

【趋势画面】保存各个工艺控制点的历史数据。

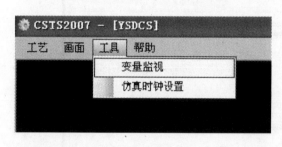

图 7-11　工具菜单

【报警画面】将出现报警的控制点，集中在同一个界面。一般情况下，在冷态开车过程中容易出现低报，此时可以不予理睬。

7.1.2.3　工具菜单

工具菜单包括"变量监视"与"仿真时钟设置"两个选项，如图 7-11 所示。设置相应的菜单，可以用来对变量监视、仿真时钟进行设置。

【变量监视】监视变量。可实时监视变量的当前值，察看变量所对应的流程图中的数据点以及对数据点的描述和数据点的上、下限，如图 7-12 所示。

【仿真时钟设置】即时标设置，设置仿真程序运行的时标。选择该项会弹出设置时标对话框，如图 7-13 所示。时标以百分制表示，默认为 100%，选择不同的时标可加快或减慢系统运行的速度。系统运行的速度与时标成正比。

7.1.2.4　帮助菜单

帮助菜单内容如图 7-14 所示。

帮助菜单包括帮助主题、产品反馈、关于三个选项。

【帮助主题】打开仿真系统平台操作手册。

【产品反馈】您可以把对我们的产品的一些意见 E-MAIL 给我们，不管是赞成的还是提出批评的我们都将感谢您对我们产品的关注，并及时修正我们的缺点，给广大用户一个最满意的产品。

【关于】显示软件的版本信息、用户名称和激活信息，如图 7-15 所示。

7.1.3　画面介绍及操作方式

7.1.3.1　流程图画面

流程图画面有 DCS 图和现场图两种。

ID	位号	变量	描述	当前值	上限	下限
1	CCF	CCF	020115	0.000000	1.000000	0.000000
2	CF1	CF1	020132	0.000000	1.926413	0.000000
3	CF2	CF2	020131	0.000000	1.000000	0.000000
4	CH	CH	020018	0.000000	30192.199219	0.000000
5	CVL(1)	CVL(1)	010010	0.000000	1.000000	0.000000
6	CVL(10)	CVL(10)	010009	0.000000	1.000000	0.000000
7	CVL(2)	CVL(2)	010001	0.000000	1.000000	0.000000
8	CVL(3)	CVL(3)	010002	0.000000	1.000000	0.000000
9	CVL(4)	CVL(4)	010003	0.000000	1.000000	0.000000
10	CVL(5)	CVL(5)	010004	0.000000	1.000000	0.000000
11	CVL(6)	CVL(6)	010005	0.000000	1.000000	0.000000
12	CVL(7)	CVL(7)	010006	0.000000	1.000000	0.000000
13	CVL(8)	CVL(8)	010007	0.000000	1.000000	0.000000
14	CVL(9)	CVL(9)	010008	0.000000	1.000000	0.000000
15	CWM	CWM	020129	0.000000	0.305256	0.000000
16	LT102	DISP(1)	020319	-300.000000	300.000000	-300.000000
17	DISP10	DISP(10)	020328	100.000000	1000.000000	0.000000
18	LI101	DISP(11)	020329	0.000000	1000.000000	0.000000
19	LI102	DISP(12)	020330	0.000000	1000.000000	0.000000
20	DISP(13)	DISP(13)	020331	0.000000	200.000000	0.000000
21	DISP(14)	DISP(14)	020332	0.000000	200.000000	0.000000
22	DISP(15)	DISP(15)	020333	100.000000	1000.000000	0.000000
23	DISP(16)	DISP(16)	020334	100.000000	1000.000000	0.000000
24	DISP(17)	DISP(17)	020335	0.000000	1000.000000	0.000000
25	FI108	DISP(18)	020336	0.000000	1000.000000	0.000000
26	DISP40	DISP(19)	020337	0.000000	1000.000000	0.000000
27	POXYGEN	DISP(2)	020320	20.999926	1000.000000	0.000000
28	DISP(20)	DISP(20)	020338	0.000000	1000.000000	0.000000
29	PI102	DISP(21)	020339	10.900000	1000.000000	0.000000
30	DISP(22)	DISP(22)	020340	0.000000	1.000000	0.000000
31	DISP(23)	DISP(23)	020341	0.000000	1.000000	0.000000
32	DISP(24)	DISP(24)	020342	0.000000	1.000000	0.000000
33	DISP(25)	DISP(25)	020343	0.000000	1.000000	0.000000
34	DISP(26)	DISP(26)	020344	0.000000	1.000000	0.000000
35	DISP(27)	DISP(27)	020345	0.000000	1.000000	0.000000

图 7-12　监视变量

图 7-13　仿真时钟设置窗口

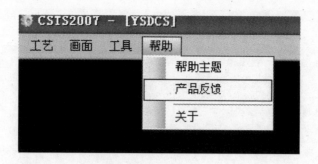

图 7-14　帮助菜单

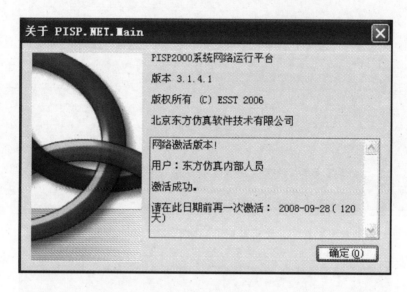

图 7-15　关于内容

【DCS 图】DCS 图画面和工厂 DCS 控制室中的实际操作画面一致。在 DCS 图中显示所有工艺参数，包括温度、压力、流量和液位，同时在 DCS 图中只能操作自控阀门，而不能操作手动阀门。

【现场图】现场图是仿真软件独有的，是把在现场操作的设备虚拟在一张流程图上。在现场图中只可以操作手动阀门，而不能操作自控阀门。

流程图画面是主要的操作界面，包括流程图、显示区域和可操作区域。在流程图操作画面中当鼠标光标移到可操作的区域上面时会变成一个手的形状，表示可以操作。鼠标单击时会根据所操作的区域，弹出相应的对话框。如点击按钮 TO DCS 可以切换到 DCS 图，但是对于不同风格的操作系统弹出的对话框也不同。

（1）通用 DCS 风格

① 现场图。现场图中的阀门主要有开关阀和手动调节阀两种，在阀门调节对话框的左上角标有阀门的位号和说明。

【开关阀】此类阀门只有"开和关"两种状态。直接点击"打开"和"关闭"即可实现阀门的开关闭合，如图 7-16 所示。

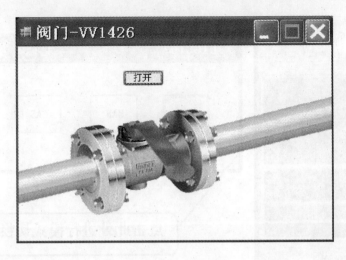

图 7-16　开关阀

【手动操作阀】此类阀门手动输入 0~100 的数字调节阀门的开度，即可实现阀门开关大小的调节。或者点击"开大和关小"按钮以 5% 的进度调节，如图 7-17 所示。

图 7-17　手动操作阀

② DCS 图。在 DCS 图中通过 PID 控制器调整气动阀、电动阀和电磁阀等自动阀门的开关闭合。在 PID 控制器中可以实现自动/AUT、手动/MAN、串级/CAS 三种控制模式的切换，如图 7-18 所示。

【AUT】计算机自动控制。

【MAN】计算机手动控制。

【CAS】串级控制。两只调节器串联起来工作，其中一个调节器的输出作为另一个调节器的给定值。

【PV 值】实际测量值，由传感器测得。

【SP 值】设定值，计算机根据 SP 值和 PV 值之间的偏差，自动调节阀门的开度；在自动/AUT 模式下可以调节此参数（调节方式同 OP 值）。

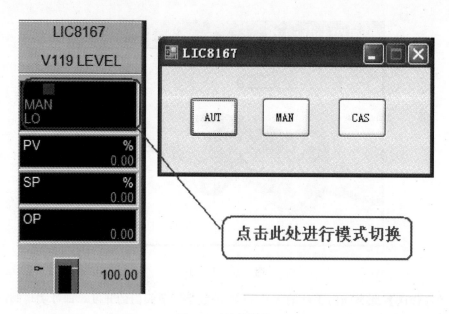

图 7-18　控制模式

【OP 值】计算机手动设定值，输入 0~100 的数据调节阀门的开度；在手动/MAN 模式下调节此参数，如图 7-19 所示。

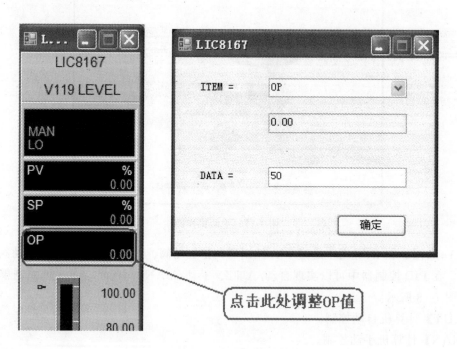

图 7-19　手动设定

（2）TDC3000 风格

① 现场图。对于 TDC3000 风格的流程图现场图中，有如下操作模式。操作区内包括所操作区域的工位号及描述。操作区有两种形式，如图 7-20、图 7-21 所示。

该操作区（图 7-20）一般用来设置泵的开关，阀门开关等一些开关形式（即只有是与

否两个值）的量。点击 OP 会出现"OFF"和"ON"两个框，执行完开或关的操作后点击
"ENTER"，OP 下面会显示操作后的新的信息，点击"CLR"将会清除操作区。

图 7-20　形式一

图 7-21　形式二

该操作区（图 7-21）一般用来设置阀门开度或其他非开关形式的量。OP 下面显示该变
量的当前值。点击 OP 则会出现一个文本框，在下面的文本框内输入想要设置的值，然后按
回车键即可完成设置，点击"CLR"将会清除操作区。

② DCS 图。在 DCS 图中会出现该操作区，该操作区主要是显示控制回路中所控制的变
量参数的测量值（PV）、设定值（SP）、当前输出值（OP）、"手动 MAN"/"自动 AUT/
串级 CAS"方式等，可以切换"手动"/"自动/串级"方式，在手动方式下设定输出值等，
其操作方式与前面所述的两个操作区相同。如图 7-22 所示。

图 7-22　DCS 形式

7.1.3.2　控制组画面

控制组画面包括流程中所有的控制仪表和显示仪表，如图 7-23、图 7-24 所示，不管是
TDC3000 还是通用的 DCS 都与它们在流程画面里所介绍的功能和操作方式相同。

7.1.3.3　报警画面

选择"报警"菜单中的"显示报警列表"，将弹出报警列表窗口，如图 7-25 所示。报警
列表显示了报警的时间、报警的点名、报警点的描述、报警的级别、报警点的当前值及其他
信息。

7.1.3.4　趋势画面

通用 DCS：在"趋势"菜单中选择某一菜单项，会弹出如图 7-26 所示的趋势图，该画
面一共可同时显示 8 个点的当前值和历史趋势。

在趋势画面中可以用鼠标点击相应的变量的位号，查看该变量趋势曲线，同时有一个绿
色箭头进行指示。也可以通过上部的快捷图标栏调节横纵坐标的比例；还可以用鼠标拖动白
色的标尺，查看详细历史数据。

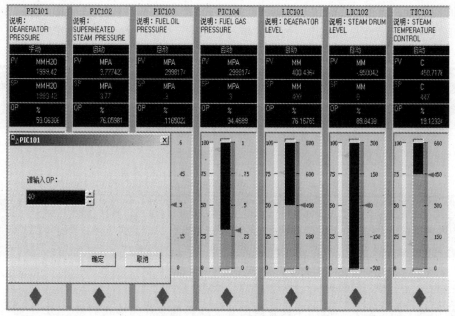

图 7-23　DCS 风格控制组

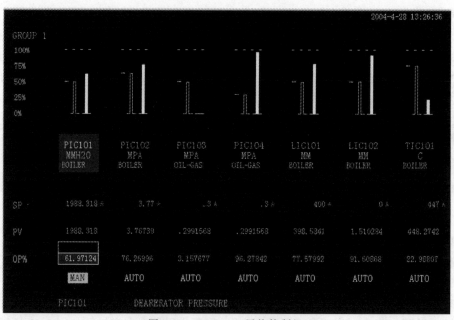

图 7-24　TDC3000 风格控制组

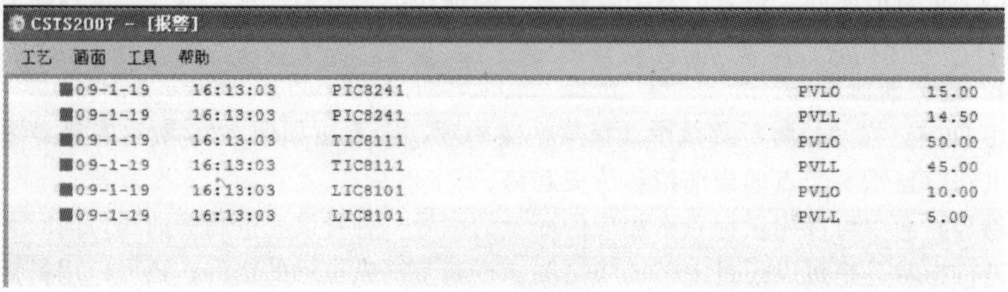

图 7-25　报警画面

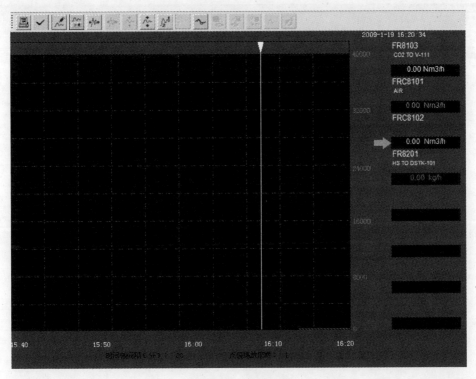

图 7-26 趋势画面

7.1.3.5 退出系统

直接关闭流程图窗口和评分文件窗口，弹出关闭确认对话框，如图 7-27 所示，就会退出系统，另外，还可在菜单工艺菜单重点击"系统退出"退出系统。

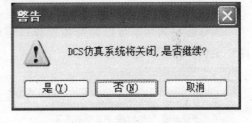

图 7-27 系统退出画面

7.1.4 使用 PISP 平台评分系统

启动软件系统进入操作平台，同时也就启动了过程仿真系统平台 PISP 操作质量评分系统，评分系统界面，如图 7-28 所示。

过程仿真系统平台 PISP.NET 评分系统是智能操作指导、诊断、评测软件（以下简称智能软件），它通过对用户的操作过程进行跟踪，在线为用户提供如下功能。

7.1.4.1 操作状态指示

对当前操作步骤和操作质量所进行的状态以不同的图标表示出来（如图 7-29 所示为操作系统中所用的光标说明）。

（1）操作步骤状态图标及提示

图标◈：表示此过程的起始条件没有满足，该过程不参与评分。

图标◈：表示此过程的起始条件满足，开始对过程中的步骤进行评分。

图标●：为普通步骤，表示本步还没有开始操作，也就是说，还没有满足此步的起始条件。

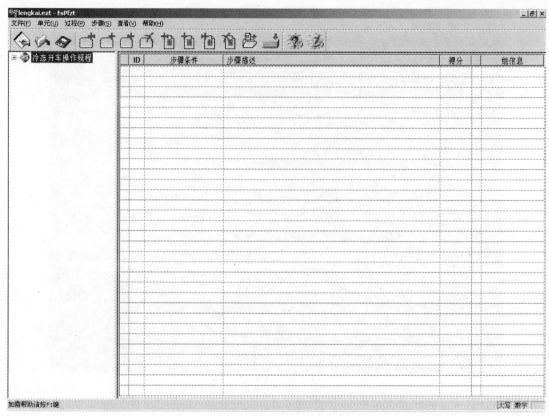

图 7-28 评分系统界面

图标 ⬛：表示本步已经开始操作，但还没有操作完，也就是说，已满足此步的起始条件，但此操作步骤还没有完成。

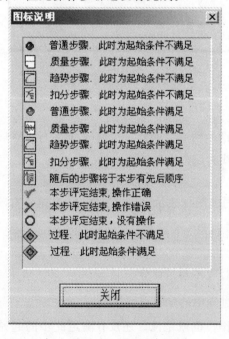

图 7-29 图标说明

图标 ✔：表示本步操作已经结束，并且操作完全正确（得分等于100%）。

图标 ✕：表示本步操作已经结束，但操作不正确（得分为0）。

图标 ◯：表示过程终止条件已满足，本步操作无论是否完成都被强迫结束。

（2）操作质量图标及提示

图标 ⊟：表示这条质量指标还没有开始评判，即起始条件未满足。

图标 ▦：表示起始条件满足，本步骤已经开始参与评分，若本步评分没有终止条件，则会一直处于评分状态。

图标 ◯：表示过程终止条件已满足，本步操作无论是否完成都被强迫结束。

图标 ▨：在 PISP. NET 的评分系统中包括了扣分步骤，主要是当操作严重不当，可能引起重大事故时，从已得分数中扣分，此图标表示起始条件不满足，即还没有出现失误操作。

图标：表示起始条件满足，已经出现严重失误的操作，开始扣分。

7.1.4.2　操作方法指导

在线给出操作步骤的指导说明，对操作步骤的具体实现方法给出详细的操作说明，如图 7-30 所示。

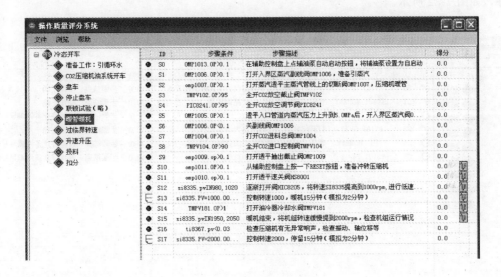

图 7-30　操作步骤说明

对于操作质量可给出关于这条质量指标的目标值、上下允许范围、上下评定范围，当鼠标移到质量步骤一栏，所在栏都会变蓝，双击点出该步骤属性对话框，如图 7-31 所示。

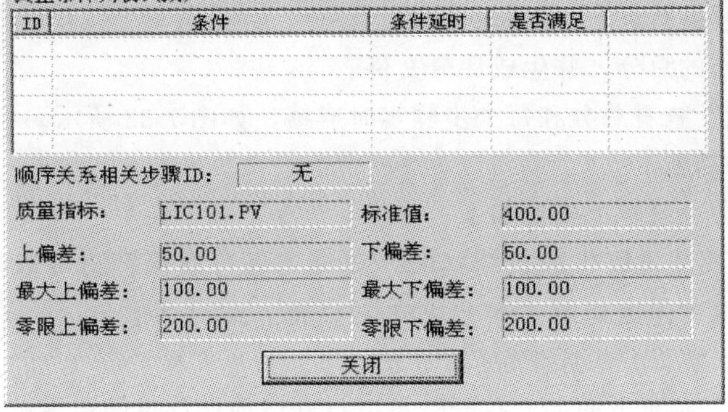

图 7-31　步骤属性对话框

（提示：质量评分从起始条件满足后，开始评分，如果没有终止条件，评分贯穿整个操作过程。控制指标越接近标准值的时间越长，得分越高。）

7.1.4.3　操作诊断及诊断结果指示

实时对操作过程进行跟踪检查，并对用户的操作进行实时评价，将操作错误的过程或动作一一说明，以便用户对这些错误操作查找原因及时纠正或在今后的训练中进行改正及重点训练，如图 7-32 所示。

图 7-32　操作诊断结果

7.1.4.4　查看分数

实时对操作过程进行评定，对每一步进行评分，并给出整个操作过程的综合得分，可以实时查看用户所操作的总分，并生成评分文件。

"浏览——成绩"查看总分和每个步骤实时成绩，如图 7-33 所示。

7.1.4.5　其他辅助功能

PISP. NET 评分系统辅助功能如下。

① 学员最后的成绩可以生成成绩列表，成绩列表可以保存也可以打印。点击"浏览"菜单中的"成绩"就会弹出如图 7-34 所示的对话框，此对话框包括学员资料、总成绩、各项分部成绩及操作步骤得分的详细说明。

② 单击"文件"菜单下面的"打开"可以打开以前保存过的成绩单，"保存"菜单可以保存新的成绩单覆盖原来旧的成绩单，"另存为"则不会覆盖原来保存过的成绩单，如图 7-35所示。

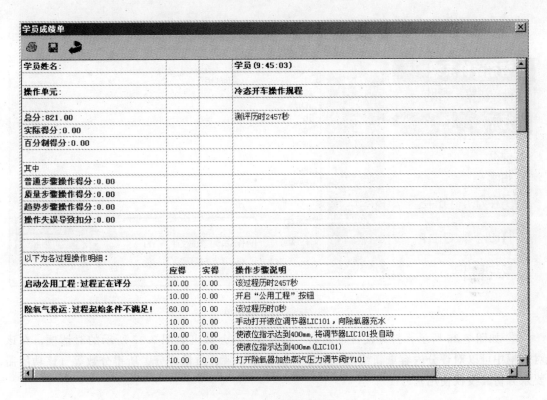

图 7-33　学员成绩单

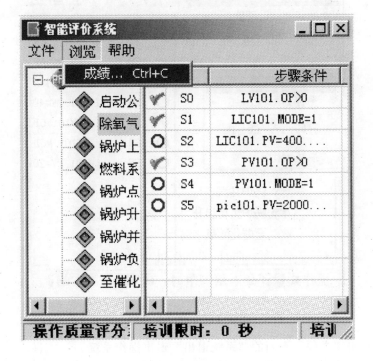

图 7-34　智能评价系统

图 7-35 打开成绩单

③ 如图 7-36 所示，打开文件下面的"组态"，就会弹出如图 7-37 所示的对话框，在该对话框中可以对评分内容重新组态，其中包括操作步骤、质量评分、所得分数等（该功能需要东方仿真授权使用）。

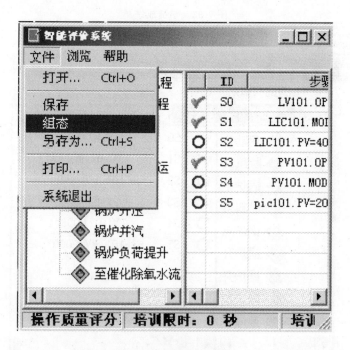

图 7-36 智能评价系统

④ 可直接单击"文件"下面的"系统退出"退出操作系统。

⑤ 如图 7-38 所示，单击"光标说明"可弹出如图 7-29 所示的对话框，查看相关的光标说明，帮助操作者进行操作。

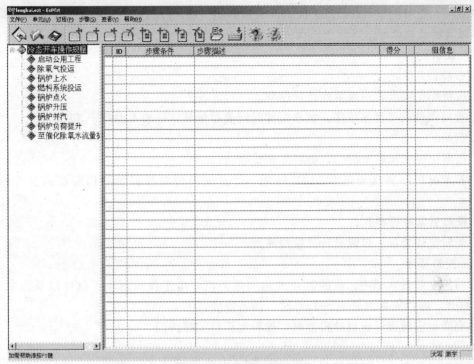

图 7-37　评分组态对话框

图 7-38　智能评价系统

7.2　工艺流程简述

7.2.1　工艺说明

7.2.1.1　酯化工艺

酯化反应在间歇酯化釜中减压进行，热源为低压饱和蒸汽。过量的辛醇和苯酐反应生成的水受热汽化，经填料塔上升至冷凝冷却器转变为液态。醇水混合物收集到分相罐内，其上层辛醇回流入塔内,与上升的气态醇水混合物换热传质;分相罐下层水在酯化完成后排至中和碱水沉降罐。回流醇采取釜顶回流方式,返回釜内继续参加反应。

(1) 投料

① 投醇。

a. 按照配比要求,用流量计计量投醇。

b. 投回收醇前要将水放净,放水沉淀时间要尽量长,一般不得低于 2h。

② 投酐。

a. 按配比要求及质量情况,备料数量要准确。

b. 投苯酐后开蒸汽加热至 140℃ 备用,注意同时要将投料管路保温蒸汽打开给管路预热。

c. 投料后紧好投料孔。

d. 按照配比要求,以流量计计量投液酐。

(2) 投料顺序

① 将醇全部投入釜内,放醇时开少量加热蒸汽,由于投液酐,釜内可以从投料开始,把真空打开,醇投完后液温 70~75℃ 时,加入硫酸。

② 硫酸加完后通过流量计投液酐,投料完毕后关好阀门。

(3) 操作

① 釜底通活蒸汽。固酐投料后,开釜底活汽阀门通入活蒸汽疏通釜底,通活蒸汽前,要放净蒸汽管路中的冷凝水,通活蒸汽时,釜内真空度控制在 0.04~0.05MPa,塔顶出现恒沸物(分水灌液位上升)时停活蒸汽,此时釜内液温为 120~125℃,釜底疏通后,关闭通汽管路的所有阀门,开汽正常酯化(投液酐时不通活蒸汽)。

② 真空度调节。在不冲塔,保证正常回流(回流视盅不满为好)情况下,逐渐开启真空阀门,一般在回流后 40min 内将真空阀门全部开启。

③ 蒸汽的调节。疏通釜底后开汽正常酯化,反应过程中根据回流情况随时调节供气阀门,供汽压力为 0.5~0.6MPa,合格打料时停汽,停釜内真空。

④ 验酸度。当出水极少,釜内液温升至 140~145℃ 时或反应已达 2h,取样验酸度,当酸度≤0.28% 时可以打料。

⑤ 打料。酸度≤0.35% 经半小时降不到 0.28% 时也可以打料,打料时如釜底堵塞,疏通后继续酯化 10min 再取样验酸度合格方可打料。疏通釜底时,注意先将蒸汽管内凝水放出,以防进入釜内造成水解反应。打料时分相罐放水。

反应终点温度:液相温度为 140~145℃,气相温度为 94~100℃。

(4) 生产工艺条件

① 投料顺序和投料量:

a. 先放醇后投苯酐;

b. 放醇后釜内液温 70~75℃;

c. 加酸温度≤80℃;

d. 通活蒸汽至液相温度 120~125℃(分相罐液位上升);

e. 加热蒸汽压力≤0.6MPa;

f. 反应终点温度 140~145℃;

g. 一次作业投料量(kg)如下。

苯酐	工业辛醇	回收辛醇	工业浓硫酸
120	210	66	1.1

② 生产工艺。此工序主要反应是酯化反应即苯酐和辛醇在催化剂和加热的条件下生成邻苯二甲酸二辛酯和水。反应分两步进行。

第一步，苯酐和辛酯反应生成邻苯二甲酸单辛酯，以下式表示：

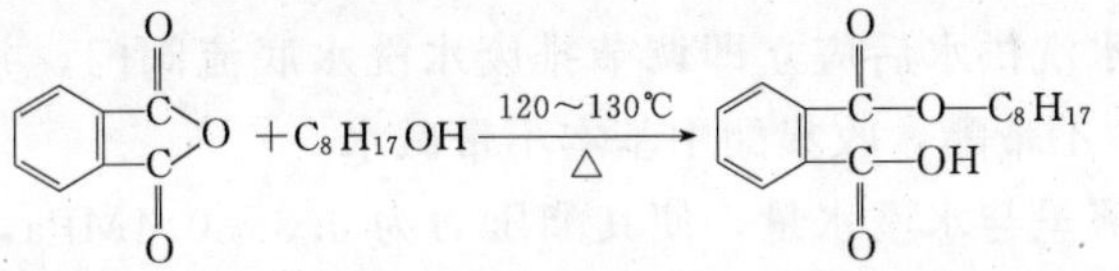

此反应不需要在催化剂作用下即可进行，温度在 120～130℃时反应可以基本完成。

第二步，邻苯二甲酸单辛酯和辛醇反应生成邻苯二甲酸二辛酯和水以下式表示

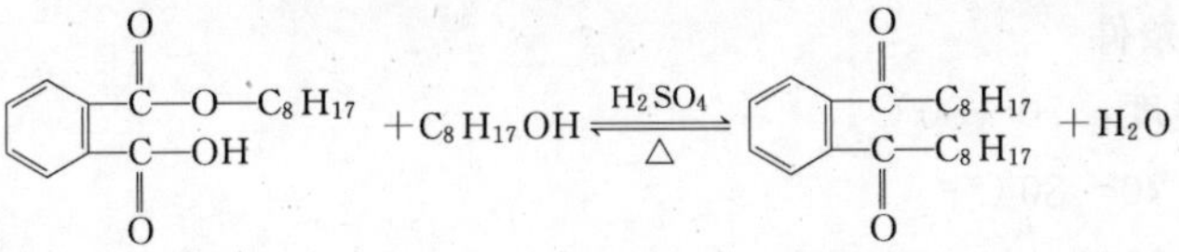

此步反应需要在催化剂作用下进行，反应液温在 140～145℃负压条件下，可以基本完成。

酯化反应的总反应式为：

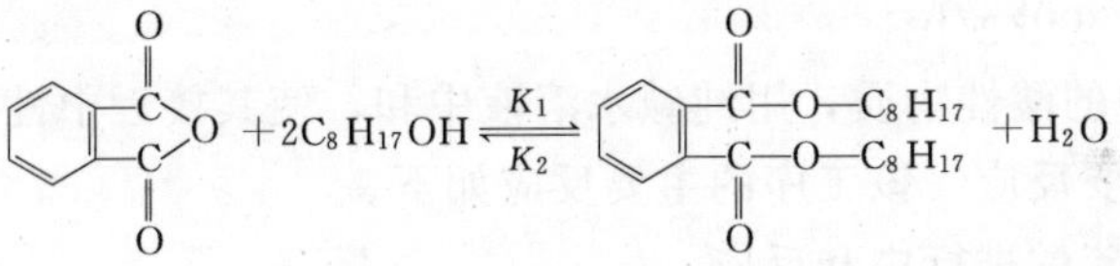

此反应为一可逆反应，为使反应尽快向形成酯的方向进行必须及时将反应过程中生成的水迅速从反应体系中移出，有利于提高原料苯酐转化率。

③ 生产中应注意的问题。

a. 反应过程中应随时检查冷却水，保证正常供水。

b. 应及时取样化验酸值，取样时釜内不要放真空，取样前应将取样器内存料放净，保证取样无误，验样真实。

c. 乏汽的调节。反应初期物料温度低，加热蒸汽液化量大，为保证加热效果，在回流前开大乏汽阀门，以利排水，回流后调小乏汽，用疏水器排除乏水，以利节约能源。

7.2.1.2 中和水洗工艺

酯化合格的粗酯用真空出料的方式经过打料冷却器输送至中和粗酯罐。利用离心泵抽出后经过文丘里管与碱液充分混合，粗酯内酸性物质大部分被中和。旋液分离器和重力沉降罐将碱水与物料分离。粗酯再与水混合后，水洗水、酯化水、脱醇水一起在碱水沉降罐内沉降并与物料分离，然后排入污水处理装置。

（1）操作过程

① 配碱液：中和用碳酸钠碱液浓度为 4%，碱液温度 70～80℃。

② 开离心泵：开泵前将泵前、泵后输料阀门全部打开，开泵后检查泵的运转是否正常，

检查泵及输料系统，中和系统是否漏料，以防跑料。

③ 供碱液：开泵后缓缓开启碱流量计阀门，立即开启沉降罐的回流阀门。

④ 收集：中和后 10min 验酸度，酸度合格后关闭回流阀并开启收集阀门。

⑤ 水洗：开启收集阀后立即供水洗水，并开启水洗蒸汽，保证水洗水温 70～80℃。

⑥ 排废碱液：中和供碱液后，应立即调节排废碱液底流阀门，并保证水位在正常指定位置上。

⑦ 排废水洗水：水洗供水后应立即调节排废水洗水底流阀门，并保证水位在正常指定位置上做到废水中基本不带酯，收集酯中基本不带碱水。

⑧ 酯压：调节碱流量与水洗水量，使其酯压力为 0.3～0.4MPa，此时酯流量根据喷嘴 3mm，大约 500kg/h，碱流量根据粗酯酸度。调节在 200kg/h，水洗流量约为 300kg/h。

⑨ 停车：停车时先停水洗蒸汽、水、碱，再停中和泵，然后关闭收集阀门及排废碱液和废水洗水底阀，关闭泵前泵后输料阀门。

（2）生产工艺条件

① 中和粗酯温度：70～80℃；

② 碱液温度：70～80℃；

③ 粗酯流量：500kg/h；

④ 中和后酸值：0.04～0.06mgKOH/g，酸度 0.005%～0.009%；

⑤ 废水洗水 pH 值：7～8；

⑥ 碱流量：200kg/h；

⑦ 水洗水流量：300kg/h；

⑧ 将酯化粗酯中的酸性物质，用纯碱水溶液中和，使其接近中性。

（3）该工序的主要反应　该工序的主要反应如下。

碳酸钠与催化剂硫酸进行中和反应

$$Na_2CO_3 + H_2SO_4 \longrightarrow Na_2SO_4 + H_2CO_3$$

碳酸钠与未反应完全的单酯酸反应和微量的邻苯二甲酸反应

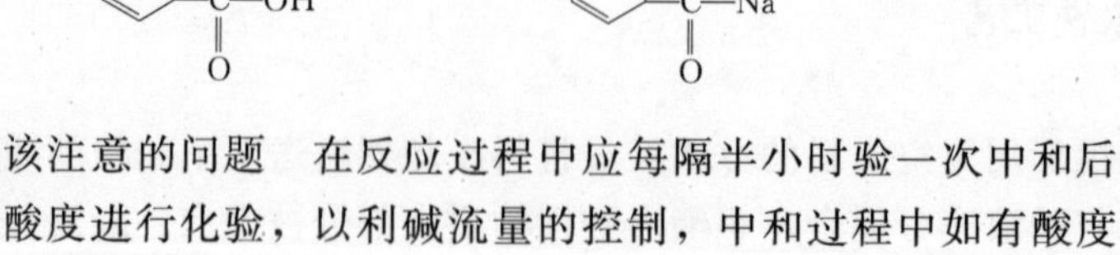

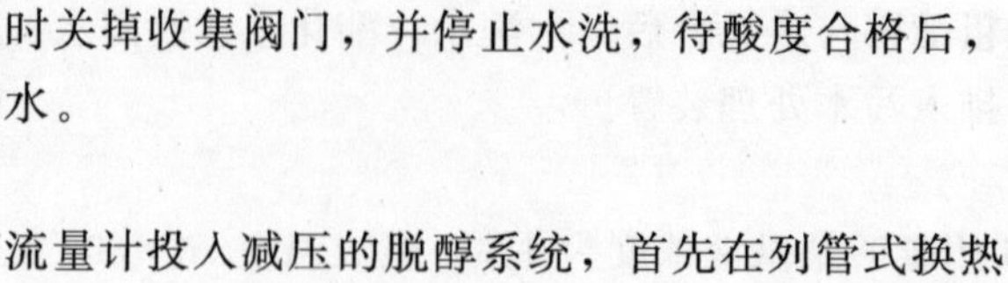

（4）生产中应该注意的问题　在反应过程中应每隔半小时验一次中和后物料酸度，中和后立即对酯化粗酯酸度进行化验，以利碱流量的控制，中和过程中如有酸度不合格现象，应立即打开回流阀门，同时关掉收集阀门，并停止水洗，待酸度合格后，再开启收集阀门，关闭回流阀门，并开水洗水。

7.2.1.3　脱醇工艺

脱醇粗酯经过转子流量计投入减压的脱醇系统，首先在列管式换热器内预热。部分汽化的辛醇和水由预热器上部汽化室分出，粗酯则由塔顶进入填料脱醇塔，与自下而上的过热水蒸气逆流换热传质。醇和水混合物气体在塔顶分出并在冷凝器内冷凝为液态,收集于醇水收集罐内,收集满后打入回收醇储罐静置放水后,回收醇返回酯化工序继续使用。脱醇合格的酯从塔底进入酯收集罐,真空输料至脱色粗酯罐。

(1) 操作过程

① 放净脱醇塔底的水,预真空。

② 开蒸汽预热塔,预热器。

③ 放粗酯罐的废水。

④ 开冷却水,调乏汽,开汽后 15min 开电加热。

⑤ 过热蒸汽真空度 0.068~0.072MPa,过热蒸汽温度 280~300℃。

⑥ 预热器温度 80~100℃,塔顶汽相温度 140~145℃。

⑦ 供汽压力为 (0.6±0.05)MPa。

⑧ 投料:投料时缓慢开启流量上下阀门,并检查醇酯收集管路阀门,确保畅通。

⑨ 回脱:开车后收集成品至 200kg 左右,将收集的成品回脱以确保成品质量。

(2) 生产工艺条件

① 预热器液相温度:80~100℃;

② 过热蒸汽温度:280~300℃;

③ 通活蒸汽时塔内真空度:0.068~0.072kPa;

④ 塔顶气相温度:140~145℃;

⑤ 加热蒸汽压力:≤0.6kPa;

⑥ 粗酯流量:500kg/h。

脱醇是一个醇、酯分离的过程。利用辛醇和二辛酯沸点差距较大来进行醇与酯的分离,这是一个物理过程。

(3) 操作中应该注意的问题

① 放废水:经常检查粗酯,及时将酯底部废水放掉。

② 打醇水,醇收集罐内的醇水一起打入高位槽,不得在醇收集罐底部直接放水,高位槽的醇往外打应将水放净,放水沉淀时间一般不得低于 2h。

③ 临时停车:临时停车先关闭流量计阀门,酯收集阀门不关,停电加热,关闭活汽、预热器、塔蒸汽,醇收集罐放至常压,抽塔、预热器,待醇收集罐口跑风再关闭酯收集阀门。

7.2.1.4　压滤工艺

为除去酯中所含的机械杂质 (活性炭、铁锈等),使产品最终达到标准,最后一道工序为压滤,粗酯在脱色釜中经活性炭脱色后通过压滤机进行压滤,压滤成品收于小罐,化验合格后再打入成品罐。

(1) 操作过程

① 脱醇成品在 80~90℃时进行过滤。

② 压滤,开启脱色泵前,泵后输料管阀门,开启回流阀门之后,开压滤泵,待取样无可见杂质时,开启成品收集小罐阀门,同时关闭回流阀门,进行正常收集,收集后缓慢开启收集罐真空阀门以加快压滤速度。

③ 清炭:过滤速度慢,影响成品过滤时应提前安排清炭,清炭前应将压滤机内料和滤饼用空压气吹干。

（2）生产工艺条件

① 粗酯温度：80～90℃；

② 脱色釜加活性炭量根据粗酯色度而定。

此工序是二辛酯成品精制的最后一个过程，通过密闭网板式压滤机将成品中活性炭及其他机械杂质除去制得成品，入库，此过程是一个物理净化过程，没有任何化学反应。

（3）操作中应该注意的问题　压滤时认真检查管路，压滤泵，压滤机有无漏料现象，以防跑料事故发生。

7.2.2　工艺流程简介

（1）酯化工艺　酯化反应在间歇酯化釜中减压进行，热源为低压饱和蒸汽。过量的辛醇和苯酐反应生成的水受热汽化，经填料塔上升至冷凝冷却器转变为液态。醇水混合物收集到分相罐内，其上层辛醇回流入塔内，与上升的气态醇水混合物换热传质；分相罐下层水在酯化完成后排至中和碱水沉降罐。回流醇采取釜顶回流方式，返回釜内继续参加反应。

（2）中和水洗工艺　酯化合格的粗酯用真空出料的方式经过打料冷却器输送至中和粗酯罐。利用离心泵抽出后经过文丘里管与碱液充分混合，粗酯内酸性物质大部分被中和。旋液分离器和重力沉降罐将碱水与物料分离。粗酯再与水混合后，水洗水、酯化水、脱醇水一起在碱水沉降罐内沉降并与物料分离，然后排入污水处理装置。

（3）脱醇工艺　脱醇粗酯经过转子流量计投入减压的脱醇系统，首先在列管式换热器内预热。部分汽化的辛醇和水由预热器上部汽化室分出，粗酯则由塔顶进入填料脱醇塔，与自下而上的过热水蒸气逆流换热传质。脱醇合格的酯从塔底进入酯收集罐，真空输料至脱色粗酯罐。醇和水在塔顶分出并在冷凝器内转变为液态，收集于醇水收集罐内，静置分层，回收醇返回酯化工序继续使用。

（4）压滤工艺　为除去酯中所含的机械杂质（活性炭、铁锈等），使产品最终达到标准，最后一道工序为压滤，粗酯在脱色釜中经活性炭脱色后通过压滤机进行压滤，压滤成品收于小罐，检验合格后再打入成品罐。

7.2.3　设备和主要控制

（1）设备列表　设备列表如下。

序　号	位　号	名　称
①	R101	辛醇储罐
②	B101	打醇泵
③	R102	苯酐储罐
④	B102	液酐保温计量泵
⑤	F101	酯化釜
⑥	T101	酯化汽提塔
⑦	H101	酯化冷却器
⑧	R103	酯化分相罐
⑨	H201	酯化打料冷却器
⑩	R201	中和粗酯罐
⑪	B201	中和离心泵
⑫	R202	配碱水槽
⑬	Q201	中和旋液分离器
⑭	R203	中和重力沉降罐
⑮	Q202	水洗旋液分离器

序　号	位　号	名　称
⑯	R205	水洗沉降罐
⑰	R301	脱醇粗酯罐
⑱	H301	脱醇预热器
⑲	T301	脱醇塔
⑳	Q301	旋风分离器
㉑	H302	脱醇冷却器
㉒	R302	酯收集罐
㉓	R303	醇水收集罐
㉔	B302	废水泵
㉕	R305	放水罐
㉖	R306	回收醇储罐
㉗	R401	压滤粗酯罐
㉘	F401	脱色釜
㉙	B401	压滤泵
㉚	Q401	压滤机
㉛	R402	成品收集罐
㉜	R403	成品罐
㉝	B403	成品罐装泵
㉞	R404	空气缓冲罐
㉟	B402	空压机
㊱	R304	空气缓冲罐
㊲	B301	真空泵

（2）阀门列表　阀门列表如下。

序　号	位　号	名　称
①	VD101	辛醇原料进料阀
②	VD102	辛醇储罐 R101 出料阀
③	VD103	辛醇储罐 R101 进料阀
④	VD104	酯化釜 F101 辛醇进料阀
⑤	VD105	苯酐储罐 R102 出料阀
⑥	VD106	酯化釜 F101 苯酐进料阀
⑦	VD107	酯化釜 F101 出料阀
⑧	VD108	酯化分相罐 R103 进料阀
⑨	VD109	酯化分相罐 R103 出料阀
⑩	VD110	酯化釜 F101 回流阀
⑪	VD111	酯化冷却器 H101 冷凝水进口阀
⑫	VD112	酯化冷却器 H101 冷凝水出口阀
⑬	VD113	酯化冷却器 H101 排污阀
⑭	VD114	辛醇储罐 R101 放空阀
⑮	VD115	管道排污阀
⑯	VD116	酯化分相罐 R103 放空阀
⑰	VD117	酯化分相罐 R103 放空阀
⑱	VD118	酯化尾气罐 R104 进口阀
⑲	VD119	酯化尾气罐 R104 出口阀
⑳	VD120	酯化分相罐 R103 排水阀
㉑	VD121	酯化釜 F101 硫酸进料阀
㉒	VD122	酯化釜 F101 采样阀
㉓	VD123	酯化釜 F10 采样器放空阀
㉔	VD124	酯化釜 F10 采样器检测阀

续表

序　　号	位　　号	名　　称
㉕	VD125	辛醇储罐 R101 回收醇阀
㉖	VD126	中和粗酯罐 R201 进料阀
㉗	VD201	中和离心泵 B201 前阀
㉘	VD202	中和离心泵 B201 后阀
㉙	VD203	中和粗酯罐 R201 取样阀
㉚	VD204	配碱水槽 R202 出口阀
㉛	VD205	配碱水槽 R202 出口阀
㉜	VD206	中和重力沉降槽 R203 重相进口阀
㉝	VD207	中和重力沉降槽 R203 轻相出口阀
㉞	VD208	水洗旋液分离器 Q202 进口阀
㉟	VD209	水洗沉降罐 R205 重相进口阀
㊱	VD210	水洗旋液分离器 Q202 排污阀
㊲	VD211	水洗沉降罐 R205 轻相处口阀
㊳	VD212	水洗水进口阀
㊴	VD213	水洗水进口阀
㊵	VD214	中和重力沉降槽 R203 取样阀
㊶	VD215	碱水沉降槽 R204 进料阀
㊷	VD216	水洗沉降罐 R205 重相出口阀(至 R202)
㊸	VD217	中和重力沉降槽 R203 重相出口阀(至 R202)
㊹	VD218	重相至 R202 进口阀
㊺	VD219	配碱水槽 R202 进水阀
㊻	VD220	配碱水槽 R202 进水阀
㊼	VD221	碱水沉降槽 R204 出口阀
㊽	VD222	碱水沉降槽 R204 出口阀
㊾	VD223	碱水沉降槽 R204 放空阀
㊿	VD224	中和粗酯罐 R201 放空阀
(51)	VD225	中和旋液分离器 Q201 排污阀
(52)	VD226	中和粗酯罐 R201 不合格产品回流阀
(53)	VD301	脱醇粗酯罐 R301 含醇粗酯出口阀
(54)	VD302	脱醇粗酯罐 R301 含醇粗酯出口阀
(55)	VD303	脱醇粗酯罐 R301 排污/水阀
(56)	VD304	孔板流量计前阀
(57)	VD305	转子流量计前阀
(58)	VD306	转子流量计后阀
(59)	VD307	旋风分离器 Q301 出口阀
(60)	VD308	脱醇塔 T301 粗酯回流至脱醇出口阀
(61)	VD309	不合格粗酯至 R201 阀
(62)	VD310	合格粗酯至 R302 阀
(63)	VD311	回收醇储罐 R306 罐底排水阀
(64)	VD312	回收醇储罐 R306 罐底排水至 R305 阀
(65)	VD313	废水泵 B302 前阀
(66)	VD314	废水泵 B302 后阀至 R204
(67)	VD315	脱醇冷却器 H302 冷凝水进口阀
(68)	VD316	脱醇冷却器 H302 冷凝水出口阀
(69)	VD317	醇水收集罐 R303 进口阀
(70)	VD318	醇水收集罐 R303 进口阀
(71)	VD319	酯收集罐 R302 破真空阀
(72)	VD320	醇水收集罐 R303 破真空阀
(73)	VD321	回收醇储罐 R306 回收醇至 R101 出口阀
(74)	VD322	酯收集罐 R302 不合格酯至再次脱醇回流阀

续表

序　号	位　号	名　　称
⑦⑤	VD323	酯收集罐 R302 合格酯至 R401 出口阀
⑦⑥	VD324	脱醇粗酯罐 R301 破真空阀
⑦⑦	VD325	回收醇罐 R306 破真空阀
⑦⑧	VD326	自 R204 碱水槽出口阀
⑦⑨	VD327	碱水槽至 R305 进口阀
⑧⓪	VD328	酯收集罐 R302 取样阀
⑧①	VD329	酯收集罐 R302 底部出料阀
⑧②	VD401	压滤粗酯罐 R401 出口阀门
⑧③	VD402	R401 粗酯至脱色釜 F401 进口阀门
⑧④	VD403	脱色釜 F401 出口阀门
⑧⑤	VD404	压滤泵前阀
⑧⑥	VD405	压滤泵后阀
⑧⑦	VD406	压滤泵小流量循环阀门
⑧⑧	VD407	Q401 压滤机出口阀
⑧⑨	VD408	R402 成品收集罐进口阀门
⑨⓪	VD409	R402 成品收集罐出口阀门
⑨①	VD410	R403 成品罐进口阀门
⑨②	VD411	B403 成品罐装泵前阀
⑨③	VD412	B403 成品罐装泵后阀
⑨④	VD413	R403 不合格品回流至 R401 阀门
⑨⑤	VD414	R403 不合格品回流至 R401 阀门
⑨⑥	VD415	Q401 压滤不合格品回流至 R401 阀
⑨⑦	VD416	Q401 压滤不合格品回流至 F401 脱色阀
⑨⑧	VD417	Q401 压滤机取样阀
⑨⑨	VD418	R401 破真空阀
⑩⓪	VD419	F401 破真空阀
⑩①	VD420	F401 加活性炭阀门
⑩②	VD421	R403 破真空阀
⑩③	VD422	R403 排污阀
⑩④	VD423	R404 排污阀
⑩⑤	VD424	Q401 空气进口阀
⑩⑥	VD425	压滤粗酯罐 R401 直至 Q401 阀门
⑩⑦	VD426	成品至灌装工序阀
⑩⑧	VD427	压滤粗酯罐 R401 取样阀
⑩⑨	VD428	脱色釜 F401 取样阀
⑪⓪	VA101	苯酐储罐 R102 蒸汽进口阀
⑪①	VA102	苯酐储罐 R102 乏汽出口阀
⑪②	VA103	酯化釜 F101 蒸汽进口阀
⑪③	VA104	酯化釜 F101 乏汽出口阀
⑪④	VA105	保温管路上蒸汽进口阀
⑪⑤	VA106	保温管路上乏汽出口阀
⑪⑥	VA107	保温管路上乏汽出口阀
⑪⑦	VA108	苯酐储罐 R102 乏汽出口阀
⑪⑧	VA109	辛醇储罐 R101 抽真空阀
⑪⑨	VA110	酯化打料冷却器 H102 进水阀
⑫⓪	VA111	酯化分相罐 R103 抽真空阀
⑫①	VA112	
⑫②	VA201	中和粗酯罐 R201 抽真空阀
⑫③	VA202	配碱水槽 R202 蒸汽进口阀
⑫④	VA203	碱水沉降槽 R204 抽真空阀

续表

序　号	位　号	名　称
⑫	VA204	水洗水管道加热蒸汽进口阀
⑫	VA205	水洗水管道乏汽出口阀
⑫	VA206	中和重力沉降槽 R203 碱水出口阀（至 R204）
⑱	VA207	水洗沉降槽 R205 碱水出口阀（至 R204）
⑫	VA301	脱醇粗酯罐 R301 抽真空阀
⑬	VA302	酯收集罐 R302 抽真空阀
⑬	VA303	醇水收集罐 R303 抽真空阀
⑬	VA304	回收醇储罐 R306 抽真空阀
⑬	VA305	真空泵 B301 后阀
⑬	VA306	自 R101/103 抽真空至 R304 进口阀
⑬	VA307	自 R201/204/R301/R304 抽真空至 R304 进口阀
⑬	VA308	自 F401/R401/403 抽真空至 R304 进口阀
⑬	VA309	脱醇预热器 H301 加热蒸汽进口阀
⑱	VA310	脱醇预热器 H301 乏汽出口阀
⑲	VA311	脱醇预热器 H301 乏汽出口阀
⑭	VA312	Q302 加热蒸汽进口阀
⑭	VA313	Q302 加热蒸汽出口阀
⑭	VA314	脱醇塔 T301 夹套加热蒸汽进口阀
⑭	VA315	脱醇塔 T301 夹套乏汽出口阀
⑭	F1	孔板流量计后阀
⑭	VA401	脱色釜 F401 加热蒸汽进口阀
⑯	VA402	脱色釜 F401 乏汽出口阀
⑰	VA403	成品罐 R403 抽真空阀
⑱	VA404	空气缓冲罐 R404 空气出口阀
⑲	VA405	压滤机 Q401 空气进口阀
⑮	VA406	空压机 B402 空气出口阀
⑮	VA407	压滤粗酯罐 R401 抽真空阀
⑮	VA408	脱色釜 F401 抽真空阀
⑮	VA409	压滤泵 B401 回流阀

（3）仪表位号　仪表位号如下。

序　号	位　号	名　称	正常情况显示值
①	H101	R101 辛醇储罐液位高度	80%
②	H102	R102 苯酐储罐液位高度	50.0%
③	P104	B101 打醇泵泵后压力	1.0MPa
④	P105	F101 酯化釜压力	−0.065MPa
⑤	F101	R101 辛醇储罐出口流量累积量	270kg
⑥	F102	R102 苯酐储罐出口流量累积量	120kg
⑦	T101	R102 苯酐储罐温度	140.0℃
⑧	T102	F101 酯化釜温度	145.0℃
⑨	T103	T101 酯化汽提塔进料温度	145.0℃
⑩	T104	T101 酯化汽提塔出料温度	140.0℃
⑪	T201	R201 中和粗酯罐温度	64.9℃
⑫	H201	R201 中和粗酯罐液位	70.0%
⑬	P202	P202 中和离心泵泵后压力	0.40MPa
⑭	P203	Q201 中和旋液分离器进料压力	0.35MPa
⑮	F201	R202 配碱水槽出料流量	200.0kg/h
⑯	T201	R201 中和粗酯罐温度	65.0℃
⑰	T202	R202 配碱水槽温度	70.0℃

续表

序 号	位 号	名 称	正常情况显示值
⑱	T203	R202 中和重力沉降罐温度	65.0℃
⑲	T204	R206 水洗沉降罐温度	70.0℃
⑳	H301	R301 脱醇粗酯罐液位	50%
㉑	H302	T301 脱醇塔底液位	100%
㉒	H303	R302 酯收集罐液位	50%
㉓	H304	R303 醇水收集罐液位	50%
㉔	H305	R306 回收醇储罐液位	80%
㉕	T301	H301 脱醇预热器温度	120℃
㉖	T302	Q302 脱醇过热蒸汽温度	280℃
㉗	T303	T301 脱醇塔顶温度	145℃
㉘	P101	R304 空气缓冲罐压力	−0.0985MPa
㉙	P102	B402 空压机压力	0MPa
㉚	P103	R404 空气缓冲罐压力	0MPa
㉛	P301	脱醇过热蒸汽压力	0.5MPa
㉜	P302	T301 脱醇塔塔底真空度	−0.070MPa
㉝	P303	T301 脱醇塔塔顶真空度	−0.0979MPa
㉞	P304	R302 酯收集罐真空度	−0.0984MPa
㉟	P305	R303 醇水收集罐真空度	−0.0984MPa
㊱	P306	B302 废水泵后压力	0.3 MPa
㊲	F301	脱醇粗酯转子流量计	498.6kg/h
㊳	F302	脱醇粗酯孔板流量计	0kg/h
㊴	H401	R401 压滤粗酯罐液位	50%
㊵	H402	F401 脱色釜液位	50%
㊶	H403	R402 成品收集罐液位	50%
㊷	H404	R403 成品罐液位	50%
㊸	T401	F401 脱色釜液相温度	100℃
㊹	P401	B401 压滤泵出口压力	0.35MPa
㊺	P402	Q401 压滤机压力	0 MPa
㊻	P403	B403 成品罐装泵后压力	0.3MPa
㊼	F401	成品罐装泵后产品流量	413.2kg/h

7.3 DOP 仿真操作规程

7.3.1 冷态开车操作规程

(1)酯化工序开车

序号	操 作 规 程
①	关闭阀门 VD113
②	打开酯化冷却器冷却水入口阀 VD111
③	打开酯化冷却器冷却水出口阀 VD112
④	打开辛醇进料阀 VD101
⑤	开启醇泵 B101
⑥	打开阀 VD103 向 R101 进料
⑦	待辛醇储罐 R101 液位达到 80% 时,关闭阀 VD103
⑧	辛醇储罐 R101 液位维持在 80%
⑨	辛醇泵 B101
⑩	关闭阀 VD101,完成辛醇进料
⑪	打开苯酐储罐 R102 顶部进料孔,将固体邻苯二甲酸酐投入到储罐里
⑫	投入固体邻苯二甲酸酐 5 袋(125kg)
⑬	打开 R102 蒸汽进口阀 VA101,阀门开度控制在 50%,给 R102 加热
⑭	打开 R102 乏汽出口阀 VA102,阀门开度控制在 100%
⑮	打开 R102 乏汽出口阀 VA108,阀门开度控制在 100%
⑯	待 R102 温度达到 140℃时,调小 VA101 阀门开度至 5%,进行保温
⑰	苯酐储罐 R102 温度维持在 140℃左右

续表

(1)酯化工序开车

序号	操 作 规 程
⑱	设定 F101 累积进料量为 270kg
⑲	打开 R101 罐底出料阀 VD102
⑳	开启进料泵 B101
㉑	打开 F101 辛醇进料阀 VD104
㉒	打开 F101 蒸汽进口阀 VA103,给 F101 加热
㉓	打开 F101 乏汽出口阀 VA104
㉔	打开酯化釜搅拌机
㉕	打开阀 VD121,加入催化剂浓硫酸
㉖	当硫酸量达到 1.1kg 时,关闭阀 VD121
㉗	累计硫酸量 1.1kg
㉘	打醇量为 270kg 时联锁停泵后,关闭阀 VD104
㉙	关闭阀 VD102,完成辛醇的进料
㉚	打开液酐保温管路蒸汽进料阀 VA105,阀门开度控制在 50%
㉛	打开液酐保温管路乏汽出口阀 VA106,阀门开度控制在 100%
㉜	打开液酐保温管路乏汽出口阀 VA107,阀门开度控制在 100%
㉝	设定 F102 累积进料量为 120kg
㉞	打开 R102 罐底液酐出料阀 VD105
㉟	开启液酐保温计量泵 B102
㊱	打开 F101 液酐进料阀 VD106,向 F101 输料
㊲	启动真空泵 B301
㊳	打开真空泵前阀 VA305,阀门开度控制在 50%
㊴	打开阀门 VA306,阀门开度 100%
㊵	投料后,缓慢打开反应釜系统真空阀 VA111
㊶	关闭放空阀 VD116
㊷	关闭放空阀 VD117
㊸	打开冷凝器 H101 的出料阀 VD108
㊹	关闭阀门 VD115
㊺	打开 T101 回流阀 VD109
㊻	打开 F101 回流阀 VD110
㊼	苯酐量为 120kg 时联锁停泵后,关闭阀 VD106
㊽	关闭阀 VD105,完成了辛醇的进料
㊾	关闭液酐保温管路蒸汽进料阀 VA105
㊿	关闭液酐保温管路乏汽出口阀 VA106
51	关闭液酐保温管路乏汽出口阀 VA107
52	当 R103 中重相液位超过 1/2 相界面,打开出口阀门 VD120
53	当 R103 中重相液位降至相界面下后,关闭出口阀门 VD120
54	F101 真空度维持在 0.065MPa
55	F101 温度维持在 145~150℃
56	当 F101 液相温度达到 145~150℃,观察 R103 回流视盅流量较小,应及时采样进行检测
57	采样前,先开开 VD124 将采样器内料放掉
58	采样时,先关闭 F101 采样器放空阀 VD123
59	关闭采样器放料阀 VD124
60	打开出料阀 VD122 进行采样
61	待料放至采样器后,关闭阀 VD122
62	取样结束后,打开阀 VD123
63	打开阀 VD124 将取样器中物料放净
64	进行检测,若合格则出料,不合格则重复上述取样和检测步骤
65	取样后及时检测物料,酸度在≤0.028%~0.35%(以邻苯二甲酸计)范围时物料合格
66	酯化合格后,打开分相器 R103 放水阀 VD120,放水时 R103 中保留一定水位,以防止将醇放走
67	放水后关闭阀 VD120
68	打开 H102 冷却水阀 VA110,将设备内充满水
69	打开阀门 VA307,阀门开度 50%
70	接到酯化工序打料通知后,打开中和工序 R201 真空阀 VA201
71	关闭 R201 放空阀 VD224,通知酯化工序可以打料
72	待 F101 温度高于 140℃,且温度、压力均稳定时,关闭蒸汽阀 VA103
73	关闭乏汽阀 VA104

续表

（1）酯化工序开车

序号	操 作 规 程
⑭	关闭 R103 抽真空管路阀门 VA111
⑮	打开破真空阀门 VD116，将系统放出常压准备打料
⑯	打开 F101 出料阀 VD107
⑰	打开 F101 出料阀 VD126
⑱	待料打净后，关闭阀 VD107
⑲	关闭阀 VD126
⑳	关闭 F101 搅拌电机
㉑	关闭 H102 进水阀 VA110，同时通知中和人员料已打净

（2）中和水洗开车

序号	操 作 规 程
①	收料完毕后关闭 VA201
②	打开放空阀 VD224
③	加入纯碱 3.2kg
④	打开 R202 进水阀 VD219
⑤	打开 R202 进水阀 VD220
⑥	累计加水量为 80kg
⑦	控制水量使得碱液浓度为 4%，待加水量接近 80kg 时，关闭阀 VD220
⑧	关闭阀 VD219
⑨	打开 R202 蒸汽阀 F2，阀门开度控制在 50%
⑩	打开 R202 蒸汽阀 VA202，阀门开度控制在 50%，将碱水吹热溶解并加热
⑪	R202 温度维持在 70～80℃
⑫	待 R202 温度达到 70℃时，关闭蒸汽阀 VA202
⑬	关闭蒸汽阀门 F2
⑭	进料前打开取样阀 VD203 化验酸度，以便控制好碱水流量，保证中和效果
⑮	取样后关闭取样阀 VD203
⑯	打开 R201 出料阀 VD201
⑰	开启中和离心泵 B201
⑱	打开 Q201 粗酯进料阀 VD202
⑲	开泵后打开加碱管路阀门 VD204，控制阀门开度为 50%
⑳	打开加碱管路阀门 VD205，控制阀门开度为 50%
㉑	碱液流量维持在 200kg/h
㉒	关闭中和旋液分离器 Q201 放净阀 VD225
㉓	打开 Q201 出口阀 VD206
㉔	打开中和重力沉降槽 R203 的出料阀 VD207
㉕	打开 R203 的回流阀 VD226，将初期不合格的部分物料回至 R201
㉖	待 R203 满罐且产生回流后，打开取样阀 VD214 验酸度
㉗	取样后关闭阀 VD214
㉘	当 R203 相界面液位接近 1/4 后，打开排碱水阀 VA206，阀门开度控制在 50%
㉙	打开 R204 入口阀 VD215
㉚	R203 相界面维持在 25% 左右（视 R203 碱水液位情况，随时调节排碱水阀 VD206 开度）
㉛	酸度合格后关闭回流阀 VD226
㉜	酸度合格后打开收集阀 VD208
㉝	打开汽水混合器进水阀 VD212，阀门开度控制在 50%
㉞	打开水洗水入口阀 VD213，阀门开度控制在 50%
㉟	打开水洗水加热蒸汽入口阀 VA204，阀门开度维持在 50%
㊱	打开水洗水加热蒸汽出口阀 VA205，阀门开度维持在 50%
㊲	打开 Q202 排水阀 VD209
㊳	打开并调节排废水底流阀 VA207，保证废水中基本不带酯，酯收集中基本不带水

（3）脱醇工序开车

序号	操 作 规 程
①	打开阀门 VA303，阀门开度 50%，将醇水收集罐 R303 抽成真空
②	打开阀门 VD317，给脱醇塔系统预真空（H302、Q301、T301、H301）
③	关闭阀门 VD320
④	打开阀门 VA302，阀门开度 50%，将酯收集罐 R302 抽成真空
⑤	关闭阀门 VD319

(3)脱醇工序开车

序号	操作规程
⑥	打开阀门 VA304,阀门开度 50%,将回收醇储罐 R306 抽成真空
⑦	关闭阀门 VD325
⑧	开车前 R301 放水,打开 R301 釜底排水阀 VD303
⑨	打开阀 VD327
⑩	打开 R305 进水阀 VD312
⑪	打开 R205 水洗沉降罐顶部阀门 VD211
⑫	当有进料时,关闭 R305 进水阀 VD312
⑬	关闭阀 VD327
⑭	关闭 R301 釜底排水阀 VD303
⑮	打开脱醇冷却器 H302 冷凝水进口阀 VD315
⑯	打开脱醇冷却器 H302 冷凝水出口阀 VD316
⑰	打开 H301 的预热蒸汽进口阀 VA309,阀门开度控制在 50%
⑱	打开 H301 的乏汽出口阀 VA310,阀门开度控制在 50%
⑲	打开调节疏水阀 VA311,阀门开度控制在 50%
⑳	打开脱醇塔 T301 预热蒸汽进口 VA314,阀门开度控制在 50%
㉑	打开脱醇塔 T301 乏汽出口 VA315,阀门开度控制在 50%
㉒	当 R301 液位接近 50%时,打开阀门 VD301
㉓	打开阀门 VD302
㉔	打开流量计下阀门 VD305
㉕	打开流量计上阀门 VD306,向脱醇预热器 H301 进液
㉖	打开阀门 VD307
㉗	打开脱醇塔 T301 蒸汽进口 VA312,阀门开度控制在 50%
㉘	启动电加热设备 Q302
㉙	打开脱醇塔 T301 蒸汽进口 VA313,阀门开度控制在 50%
㉚	待 T301 液位达到 80%,打开出口阀门 VD310,向酯收集罐 R302 进料
㉛	待 R302 液位达到 50%,打开出口阀门 VD329
㉜	打开出口阀门 VD322
㉝	打开流量计下阀门 VD304
㉞	打开流量计上阀门 F1,将收集的成品打回预热器,再次脱醇以确保成品质量
㉟	待 R302 降至 35%时,关闭流量计上阀门 F1
㊱	关闭流量计下阀门 VD304
㊲	关闭出口阀门 VD322
㊳	关闭出口阀门 VD329
㊴	待 R302 成品收集液位达到 50%,打开真空阀 VA308
㊵	通知压滤工序打开 R401 抽真空阀 VA407
㊶	关闭放空阀 VD418
㊷	打开 VD328 取样检测闪点
㊸	取样后关闭 VD328
㊹	检测合格后,打开出口阀门 VD329
㊺	打开出口阀门 VD323,向压滤粗酯罐 R401 进料
㊻	待 R303 液位达到 50%,打开出口阀门 VD318,向回收醇储罐 R306 进料
㊼	R303 全部液体打入 R306 后,关闭 VD318 进行沉降
㊽	静置分层后打开出口阀门 VD311
㊾	打开阀门 VD312,向放水罐 R305 进水
㊿	待 R306 中水放净后,关闭 VD312
51	打开 R101 真空阀 VA109
52	关闭 R101 放风阀 VD114
53	打开醇出料阀 VD321
54	打开醇回收阀 VD125
55	开启醇泵 B101
56	待泵出口压力表有压力后,打开阀 VD103 向 R101 进料

续表

(3)脱醇工序开车

序号	操 作 规 程
㊄	待 R306 中醇放净后,关闭 VD103
㊅	关闭醇泵 B101
㊆	关闭醇回收阀 VD125
㊇	关闭醇出料阀 VD321
㊉	重复㊺-㊄的步骤操作
㊽	脱醇粗酯罐 R301 液位维持在 50%
㊾	脱醇塔 T301 塔釜液位维持在 100%

(4)压滤工序开车

序号	操 作 规 程
①	待 R401 液位接近 50%,打开放空阀 VD418
②	关闭 R401 抽真空阀 VA407
③	打开 R401 取样阀 VD427 取样检测色度情况,以便调节加碳量
④	取样后关闭阀 VD427
⑤	打开脱色釜 F401 的真空阀 VA408
⑥	关闭放空阀 VD419
⑦	打开 R401 出口阀门 VD401
⑧	打开阀门 VD402,向脱色釜 F401 进料
⑨	启动脱色釜搅拌电机
⑩	在釜内加入部分活性炭进行脱色,一般加入量为 2kg
⑪	打开脱色釜 F401 蒸汽阀 VA401
⑫	打开乏汽阀 VA402,给脱色釜中加热
⑬	压滤要求的粗酯温度维持在 90~100℃
⑭	待 F401 液位接近 45%,打开 F401 取样阀 VD428 取样检测色度
⑮	取样后关闭阀 VD428
⑯	色度符合要求,打开 F401 出料阀 VD403
⑰	打开压滤泵 B401 前阀 VD404
⑱	启动压滤泵 B401
⑲	打开压滤泵 B401 后阀 VD405,向压滤机 Q401 进料
⑳	打开压滤泵 B401 回流阀 VD406,将 B401 压力调节到 0.35MPa
㉑	打开压滤机的溢流阀 VD424
㉒	待视镜中观察到有液体时,关闭溢流阀 VD424
㉓	打开压滤机 Q401 出口阀 VD407
㉔	打开阀门 VD416,使压滤机和 F401 打回流,对滤网预涂过滤层
㉕	从回流视盅观察物料无可见杂质时,打开阀门 VD417,取样检测
㉖	取样后关闭阀门 VD417
㉗	取样合格后,打开 VD408 向 R402 进料
㉘	关闭回流阀 VD416
㉙	待 R402 液位接近 45%时,打开阀 VD420 取样检测
㉚	取样后关闭阀门 VD420
㉛	打开 R403 的真空阀 VA403
㉜	关闭放空阀 VD421
㉝	确保物料无可见杂质合格后,打开出口阀 VD409
㉞	打开阀门 VD410,向成品罐 R403 进料
㉟	待 R403 液位达到 50%时,打开破真空阀 VD421
㊱	关闭 R403 的真空阀 VA403
㊲	打开成品罐装泵 B403 前阀 VD411
㊳	启动成品罐装泵 B403
㊴	打开成品罐装泵 B403 后阀 VD412
㊵	打开去灌装工序阀 VD426

(5)扣分步骤

序号	操 作 规 程
①	F101 取样检测不合格就出料
②	R201 取样检测不合格就出料
③	酸度取样检测不合格就关闭回流阀 VD226
④	R302 取样检测不合格就出料
⑤	R103 重相液位超过相界面
⑥	R103 重相液位严重超标

7.3.2　停车操作规程

(1)酯化工序停车

①	打开 R403 的真空阀 VA403
②	关闭放空阀 VD421
③	打开 R401 出口阀门 VD401
④	打开阀门 VD425
⑤	打开分相器 R103 出口阀门 VD120
⑥	待醇和水全部打净后,关闭阀门 VD120
⑦	关闭冷却水进口阀门 VD111
⑧	关闭冷却水出口阀门 VD112

(2)中和水洗工序停车

①	关闭水洗水加热蒸汽入口阀 VA204
②	关闭水洗水加热蒸汽出口阀 VA205
③	关闭汽水混合器进水阀 VD212
④	关闭水洗水入口阀 VD213
⑤	关闭加碱管路阀门 VD204
⑥	关闭加碱管路阀门 VD205
⑦	待中和粗酯罐 R201 液体排完后,关闭泵前阀 VD201
⑧	关闭中和离心泵 B201
⑨	关闭泵后阀 VD202
⑩	关闭 Q201 出口阀 VD206
⑪	关闭中和重力沉降槽 R203 的出料阀 VD207
⑫	关闭收集阀 VD208
⑬	关闭 Q202 排水阀 VD209
⑭	关闭 R205 水洗沉降罐顶部阀门 VD211
⑮	待 R203 液体排空后,关闭排碱水阀 VA206
⑯	待 R205 液体排空后,关闭排废水底流阀 VA207
⑰	R203 及 R205 均排空后,关闭 R204 入口阀 VD215
⑱	打开阀门 VD223
⑲	关闭 R204 真空阀门 VA203
⑳	待 R204 液体排空后,关闭出口阀 VD222
㉑	待 R204 液体排空后,关闭出口阀 VD221
㉒	关闭阀门 VD312

(3)脱醇工序停车

①	关闭脱醇塔 T301 蒸汽进口阀 VA313
②	关闭电加热设备 Q302
③	关闭脱醇塔 T301 蒸汽进口阀 VA312
④	关闭 H301 的预热蒸汽进口阀 VA309
⑤	关闭 H301 的乏汽出口阀 VA310
⑥	关闭调节疏水阀 VA311

(3)脱醇工序停车	
⑦	关闭脱醇塔 T301 预热蒸汽进口 VA314
⑧	关闭脱醇塔 T301 乏汽出口 VA315
⑨	关闭脱醇冷却器 H302 冷凝水进口阀 VD315
⑩	关闭脱醇冷却器 H302 冷凝水出口阀 VD316
⑪	当 R301 液位排空时,关闭阀门 VD301
⑫	关闭阀门 VD302
⑬	关闭流量计下阀门 VD305
⑭	关闭流量计上阀门 VD306
⑮	打开阀门 VD320
⑯	关闭醇水收集罐 R303 真空阀门 VA303
⑰	打开阀门 VD325
⑱	关闭回收醇储罐 R306 真空阀门 VA304
⑲	待 R303 液位达排空后,关闭出口阀门 VD318
⑳	静置分层后打开出口阀门 VD311
㉑	待 R306 重相基本排空后,关闭阀门 VD312
㉒	打开醇出料阀 VD321
㉓	打开醇回收阀 VD125
㉔	开启醇泵 B101
㉕	待泵出口压力表有压力后,打开阀 VD103 向 R101 进料
㉖	待 T301 液位排空后,关闭出口阀门 VD310
㉗	打开阀门 VD319
㉘	关闭酯收集罐 R302 真空阀门 VA302
㉙	待 R306 全部排空后,关闭出口阀门 VD311
㉚	关闭醇出料阀 VD321
㉛	关闭阀 VD103
㉜	关闭打醇泵 B101
㉝	关闭醇回收阀 VD125
㉞	待 R302 液位排空,关闭出口阀门 VD329
㉟	关闭出口阀门 VD323
㊱	关闭真空阀门 VA307
㊲	关闭阀门 VD317
㊳	再次打开阀门 VD312
㊴	关闭泵 B302 后阀 VD314
㊵	关闭泵 B302
㊶	关闭泵 B302 前阀 VD313
(4)压滤工序停车	
①	打开放空阀 VD418
②	关闭 R401 抽真空阀 VA407
③	关闭脱色釜 F401 蒸汽阀 VA401
④	关闭乏汽阀 VA402
⑤	关闭 F401 搅拌机
⑥	待 F401 液位排空后,关闭 F401 出口阀门 VD403
⑦	待 R401 液位排空后,关闭 R401 出口阀门 VD401
⑧	关闭阀门 VD425
⑨	关闭压滤泵 B401 前阀 VD404
⑩	关闭压滤泵 B401
⑪	关闭压滤泵 B401 后阀 VD405

(4)压滤工序停车

⑫	关闭压滤泵 B401 回流阀 VA409
⑬	关闭压滤机 Q401 出口阀 VD407
⑭	关闭阀门 VD408
⑮	待 R402 液位排空后,关闭出口阀 VD409
⑯	关闭阀门 VD410
⑰	打开放空阀 VD421
⑱	关闭 R403 的真空阀 VA403
⑲	待 R403 液位排空后,关闭成品罐装泵 B403 前阀 VD411
⑳	关闭成品罐装泵 B403
㉑	关闭成品罐装泵 B403 后阀 VD412
㉒	关闭去灌装工序阀 VD426
㉓	启动压缩机 B402
㉔	打开阀门 VA406,控制阀门开度为 50%
㉕	待空压缓冲罐压力达到 0.5MPa 时,打开阀门 VA404,控制阀门开度为 50%
㉖	打开阀门 VA405,控制阀门开度为 50%,向 Q401 通入空压气
㉗	打开回流阀 VD415,将压滤机内物料吹净
㉘	同时将滤饼用空压气吹干后,打开 Q401 底部按钮,将废炭从压滤机底部卸出
㉙	废炭从压滤机底部全部卸出后,关闭阀门 VA405
㉚	关闭阀门 VA404
㉛	关闭阀门 VA406
㉜	关闭压缩机 B402
㉝	关闭回流阀 VD415
㉞	关闭 Q401 底部按钮

7.4 仿真界面

(1) 酯化工序 DCS 图 酯化工序 DCS 图如图 7-39 所示。

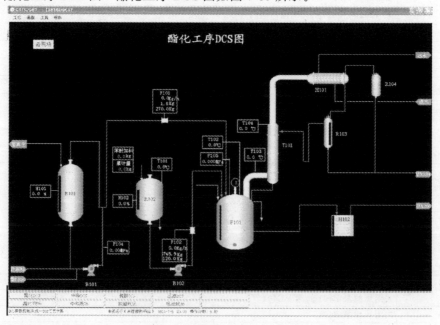

图 7-39 酯化工序 DCS 图

（2）中和水洗工序 DCS 图　中和水洗工序 DCS 图如图 7-40 所示。

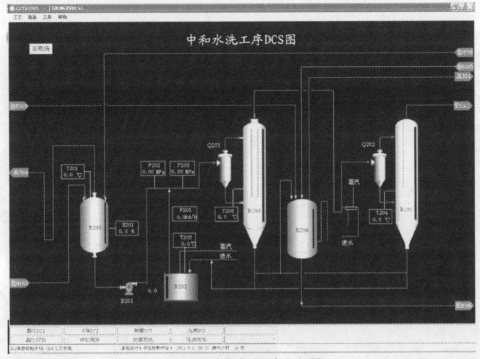

图 7-40　中和水洗工序 DCS 图

（3）脱醇 DCS 图　脱醇 DCS 图如图 7-41 所示。

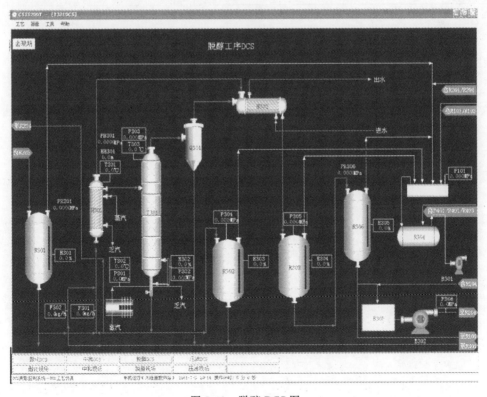

图 7-41　脱醇 DCS 图

（4）压滤 DCS 图　压滤 DCS 图如图 7-42 所示。

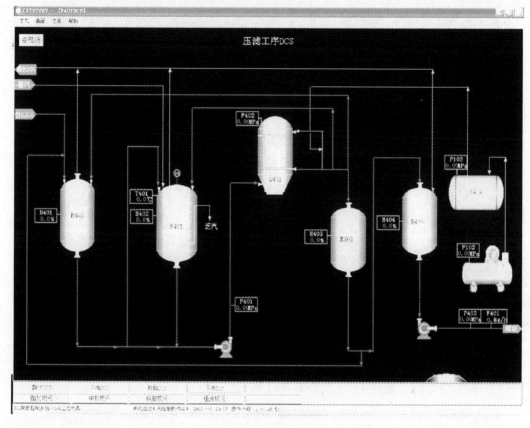

图 7-42　压滤 DCS 图

附　录

附录一　化工常用名词解释

水解——物质加水所引起的分解。

可逆反应——在同一条件下，同时向两个相反方向进行的反应。

可塑性——固体受外力作用变形后，能完全或部分保持其变形的性质。

过滤——是分离悬浮在液体或气体中的固体颗粒的操作。

过滤介质——能截流悬浮在液体或气体中的固体颗粒的多孔介质。

过滤速度——单位时间内通过单位面积上的滤液体积。

吸热反应——在反应过程中吸收热量的反应。

皂化——一般指酯与碱作用，而生成对应的酸（或盐）和醇的反应。

冷冻——人工产生低于周围环境温度的技术。

冷凝——使气态物质经冷却而变成液态的过程。

冷却——使热物体的温度降低而不发生化学变化的过程。

沉淀——化学变化中，生成的不溶解或难溶解而沉下的固体物质。

体积电阻——表示 $1cm^3$ 介质对泄漏电流的电阻，单位：Ω/cm^3。

乳化——两种互不相容的液体，在乳化剂的存在下，经过剧烈搅拌，一种以细颗粒分散
　　　　到另一相中的现象。

乳化剂——能使两种互不相容的液体形成稳定乳浊液的物质。

泡沫塑料——内部具有很多微小气孔的塑料。

沸腾——纯液体物质的饱和蒸气压等于外压时，内部和表面同时汽化的现象。

沸点——液体沸腾时的温度。

催化剂——在化学反应中，能改变反应速率而本身的组成和重量在反应后保持不变的
　　　　物质。

催化作用——催化剂在化学反应中所发生的作用，也就是影响反应速率的作用。

滤饼——过滤截留中过滤介质上的滤渣层。

滤浆——在过滤操作中原有的悬浮液。

滤液——由含有固体颗粒的悬浮液经过滤而得到的澄清液体。

滤渣——滤浆中的固体颗粒。

塑料——以合成的或天然的高分子化合物为基本成分，在加工过程中成型，而成品能保
　　　　持形状不变的材料。

塑性——固体受外力作用变形后，能完全或部分保持其变形的性质。

塑化——调节高分子化合物等的可塑性能的过程。

增塑——用物理或化学的方法，以增加高分子化合物的可塑性的过程。

增塑剂——在塑料、橡胶工业中，指能增加加工成型时的可塑性和流动性能，并使成品

　　具有柔韧性的有机物。

增强塑料——用片状或纤维状材料增加机械强度的塑料。

BOD——生物耗氧量的简称。

COD——化学耗氧的简称。

pH——是氢离子浓度的常用对数的负值。用以表示溶液的酸碱性。

PVC——聚氯乙烯简称。

附录二　常用增塑剂名称简表

序号	增塑剂名称	简称	序号	增塑剂名称	简称
1	邻苯二甲酸二甲酯	DMP	28	己二酸二异癸酯	DIDA
2	邻苯二甲酸二乙酯	DEP	29	己二酸二丁氧基乙酯	BCA
3	邻苯二甲酸二丁酯	DBP	30	己二酸异辛基异癸酯	IOA
4	邻苯二甲酸二异丁酯	DIBP	31	壬二酸二辛酯	DOZ
5	邻苯二甲酸二庚酯	DHP	32	壬二酸二丁己酯	DNHZ
6	邻苯二甲酸二辛酯	DOP	33	壬二酸二异辛酯	DIOZ
7	邻苯二甲酸二异辛酯	DIOP	34	壬二酸二丁酯	DBS
8	邻苯二甲酸正二辛酯	DNOP	35	癸二酸二辛酯	DOS
9	邻苯二甲酸二壬酯	DNP	36	癸二酸二异辛酯	DIOS
10	邻苯二甲酸二异壬酯	DINP	37	偏苯三酸三辛酯	TOTM
11	邻苯二甲酸二异癸酯	DIDP	38	偏苯三酸正二癸酯	NODTM
12	邻苯二甲酸己癸酯	NHDP	39	偏苯三酸三异辛酯	TIOTM
13	邻苯二甲酸二辛癸酯	NODP	40	磷酸三辛酯	TOP
14	邻苯二甲酸二一十一烷酯	DUP	41	磷酸三丁酯	TBP
15	邻苯二甲酸二一十三烷酯	DTDP	42	磷酸三甲苯酯酯	TCP
16	邻苯二甲酸丁卞酯	BBP	43	磷酸三苯酯	TPP
17	邻苯二甲酸辛卞酯	OBP	44	磷酸甲苯基二苯酯	CDP
18	邻苯二甲酸二丁辛酯	BOP	45	磷酸三(丁氧基乙酯)	TBEP
19	邻苯二甲酸二仲辛酯	BCP	46	磷酸二苯一辛酯	DPOP
20	邻苯二甲酸二丁基月桂酯	BLP	47	环氧脂肪酸辛酯	DEA
21	邻苯二甲酸二环己酯	DCHP	48	环氧乙酰蓖麻油酸甲酯	EMAR
22	间苯二甲酸二辛酯	DOIP	49	环氧四氢邻苯二甲酸二辛酯	EPS
23	对苯二甲酸二辛酯	DOTP	50	环氧化大豆油	ESO
24	丁基邻苯二甲酰基醇酸丁酯	BPBG	51	柠檬酸三辛酯	TOC
25	四氢化邻苯二甲酸二辛酯	DOTHP	52	柠檬酸乙酰三丁酯	ATBC
26	己二酸二辛酯	DOA	53	柠檬酸三乙酯	TEC
27	己二酸辛癸酯	NODA			

附录三　DOP 装置开、停车检查记录

序　号	记　录　名　称	编号
1	设备检查记录	附表1～附表8
2	单机试车记录	附表9
3	安全阀、强检表检查记录	附表10
4	危险作业劳保用品检查记录	附表11
5	仪表检查记录	附表12

续表

序　号	记　录　名　称	编　号
6	消防器材检查记录	附表13
7	公用工程及原料检查记录	附表14
8	人员培训情况记录	附表15
9	二辛酯盘点记录	附表16

附表 1　设备检查记录（冷却水系统）

序号	设备名称	检查明细	设备、管路、阀门、法兰无泄漏阀门开关自如、位置正确	设备检修相关盲板拆装	设备内物料情况详细反应釜系统真空度正常	检查人	检查日期	备注
1	软化水罐	出口管路及阀门						
2	补水泵	进出口管路及阀门						
3	组合水箱	进出口管路						
		液位计						
4	水循环泵	泵前后管路及阀门						
5	冷却水包	进口管路及阀门						
		出口管路及阀门						
		备用管路及阀门						
6	冷却塔	风扇						
		填料						
		再分布器						
		进出口管路及阀门						
7	蒸汽发生器	进水管路及阀门						
		进油管路及阀门						
		出油管路及阀门						
		油外循环管路及阀门						
		蒸汽出口管路及阀门						
		安全阀						

班长签字：　　　　　　　　　　车间主管签字：

附表 2　设备检查记录（热油系统）

序号	设备名称	检查明细	设备、管路、阀门、法兰无泄漏阀门开关自如、位置正确	设备检修相关盲板拆装	设备内物料情况详细反应釜系统真空度正常	检查人	检查日期	备注
1	储油罐	进出口管路及阀门						
		人孔						
		卸油阀						
		液位计						
		放空管路						
2	补油泵	进出口管路及阀门						
		进油阀门						
		Y 型油过滤器						

续表

序号	设备名称	检查明细	设备、管路、阀门、法兰无泄漏阀门开关自如、位置正确	设备检修相关盲板拆装	设备内物料情况详细反应釜系统真空度正常	检查人	检查日期	备注
3	热油循环泵	进出口管路及阀门						
4	电加热炉	进出管路及阀门						
		散热风扇						
5	过滤器	进出口管路及阀门						
		卸油阀						
6	膨胀槽	进出口管路及阀门						
		溢流管路						

班长签字：　　　　　　　　　　车间主管签字：

附表 3　设备检查记录（原料系统）

序号	设备名称	检查明细	设备、管路、阀门、法兰无泄漏、阀门开关自如、位置正确	设备检修相关盲板拆、装	设备内物料情况详细、原料系统真空度正常	检查人	检查日期	备注
1	辛醇储罐	物料进出口管路及阀门						
		真空进出口管路及阀门						
		泵进料						
		取样口						
		盲板						
2	打醇泵	进出口管路及阀门						
3	液酐储罐	物料进出口管路及阀门						
		蒸汽进出口管路及阀门						
		盲板						
4	液酐泵	物料进出口管路及阀门						
		蒸汽进出口管路及阀门						
		管路保温情况						
		法兰泄漏情况						
5	配炭罐	出炭管路及阀门						
6	打炭泵	进出管路及阀门						

班长签字：　　　　　　　　　　车间主管签字：

附表 4　设备检查记录（非酸酯化工序）

序号	设备名称	检查明细	设备、管路、阀门、法兰无泄漏阀门开关自如、位置正确	设备检修相关盲板拆装	设备内物料情况详细反应釜系统真空度正常	检查人	检查日期	备注
1	酯化釜	辛醇进料管路及阀门						
		液酐进料管路阀门及保温						
		热油进出管路及阀门						
		固酐投料孔						
		打炭管路及进口阀门						
		氮气管路进口阀门						
		取样器及各阀门						
		碱水进口管路及阀门						
		液酐保温管路及阀门						
		出料管路及阀门						
		催化剂加料阀门						
2	旋风分离器及阻沫器	进出口、回流管路及阀门						
3	冷凝器	物料进出口管路及阀门						
		冷却水进出管路及阀门						
		尾气管路						
4	分相罐	物料进出口管路及阀门						
		放水管路及阀门						
		回流管路及阀门						
		液位计						
5	尾气罐	尾气放空管路						
		压力平衡管路及阀门						
		排水管路及阀门						
		液位计						
6	配碱水槽	进水管路及阀门						
		进蒸汽管路及阀门						
		出料管路及阀门						

续表

序号	设备名称	检查明细	设备、管路、阀门、法兰无泄漏阀门开关自如、位置正确	设备检修相关盲板拆装	设备内物料情况详细反应釜系统真空度正常	检查人	检查日期	备注
7	醇水收集储罐	物料进出口管路及阀门						
		真空管路及阀门						
8	回收醇储罐	真空管路及阀门						
		物料进出口管路及阀门						
		放水管路及阀门						
		取样口						
9	废水罐	真空管路及阀门						
		进口管路及阀门						
		出口管路及阀门						
10	打废水泵	泵前后阀门						
		罐的进口管路及阀门						
11	打料冷却器	冷却水进出管路及阀门						
		物料进出管路及阀门						

班长签字：　　　　　　　　　　　车间主管签字：

附表 5　设备检查记录（酸法酯化工序）

序号	设备名称	检查明细	设备、管路、阀门、法兰无泄漏阀门开关自如、位置正确	设备检修相关盲板拆装	设备内物料情况详细反应釜系统真空度正常	检查人签字	检查日期	备注
1	酯化釜	辛醇进料管路及阀门						
		液酐进料管路及阀门						
		液酐保温管路及阀门						
		蒸汽进、出管路及阀门						
		固酐投料孔						
		取样包及阀门						
		出料管路及阀门						
		催化剂加料阀门						
2	酯化塔	进、出口管路						
		塔底回流管路及阀门						
3	酯化冷凝器	物料进、出管路及阀门						
		冷却水进、出管路及阀门						

续表

序号	设备名称	检查明细	设备、管路、阀门、法兰无泄漏阀门开关自如、位置正确	设备检修相关盲板拆装	设备内物料情况详细反应釜系统真空度正常	检查人签字	检查日期	备注
4	分相罐	物料进、出管路及阀门						
		放水管路及阀门						
		回流管路及阀门						
		液位计						
		真空管路及阀门						
5	打料冷却器	物料进、出管路及阀门						
		冷却水进、出管路及阀门						

当班班长签字：　　　　　　　　　车间主管签字：

附表 6　设备检查记录（中和水洗工序）

序号	设备名称	检查明细	设备、管路、阀门、法兰无泄漏阀门开关自如、位置正确	设备检修相关盲板拆装	设备内物料情况详细反应釜系统真空度正常	检查人签字	检查日期	备注
1	中和粗酯罐	物料进、出口管路及阀门						
		取样口						
		真空管路及阀门						
2	中和泵	物料进、出管路及阀门						
3	文丘里管	物料进、出管路及阀门						
		吸碱管路、流量计及阀门						
4	配碱槽	进水管路及阀门						
		碱水回用管路及阀门						
		进汽管路及阀门						
		流量计进、出管路及阀门						
5	中和旋液分离器	进、出料管路及阀门						
		分碱水管路及阀门						
6	中和重力沉降罐	进、出料管路及阀门						
		分碱水管路及阀门						
		液位计管路及阀门						
7	汽水混合器	进、出水管路及阀门						
		蒸汽管路及阀门						
		流量计进、出管路及阀门						
8	水洗旋液分离器	进、出料管路						
		分水管路及阀门						
9	水洗重力沉降罐	进、出料管路及阀门						
		分水管路及阀门						
		液位计管及阀门						
10	废碱水罐	进、出水管路及阀门						
		自动排水管路及阀门						
		真空管路及阀门						

班长签字：　　　　　　　　　车间主管签字：

附表 7　设备检查记录（脱醇工序）

序号	设备名称	检查明细	设备、管路、阀门、法兰无泄漏阀门开关自如、位置正确	设备检修相关盲板拆装	设备内物料情况详细反应釜系统真空度正常	检查人签字	检查日期	备注
1	脱醇粗酯罐	进、出料管路及阀门						
		放水管路及阀门						
		真空管路及阀门						
2	脱醇预热器	流量计及进、出管路阀门						
		蒸汽进、出管路及阀门						
3	脱醇塔	进、出料管路及阀门						
		蒸汽进、出管路及阀门						
		塔底收集管路及阀门						
		回脱管路及阀门						
4	电加热	过热蒸汽进、出管路及阀门						
5	旋风分离器	进、出料管路						
		回流管路及阀门						
6	脱醇冷凝器	进、出料管路及阀门						
		进、出水管路及阀门						
7	酯收集罐	进、出料管路及阀门						
		真空管路及阀门						
8	醇水收集罐	进、出料管路及阀门						
		真空管路及阀门						
9	回收醇储罐	进、出料管路及阀门						
		真空管路及阀门						
		放水管路及阀门						
10	回收醇放水罐	进、出水管路及阀门						
11	打废水泵	进、出口管路及阀门						
12	真空缓冲	进、出口管路及阀门						
13	真空泵	真空管管路及阀门						
		进、出水管路及阀门						

班长签字：　　　　　　　　　　　　　车间主管签字：

附表 8　设备检查记录（压滤工序）

序号	设备名称	检查明细	设备、管路、阀门、法兰无泄漏阀门开关自如、位置正确	设备检修相关盲板拆装	设备内物料情况详细反应釜系统真空度正常	检查人	检查日期	备注
1	压滤粗酯罐	真空管路及阀门						
		物料进出管路及阀门						
		回流管路及阀门						
		取样口						
2	压滤机	进料管及阀门						
		空压吹炭管路及阀门						
		回流管路及阀门						
		取样口						
		出料总阀						
		滤网、压盖及旋紧装置						
		卸炭阀门						
3	压滤泵	回流管路及阀门						
		出口管路及阀门						
		泵前管路及阀门						

续表

序号	设备名称	检查明细	设备、管路、阀门、法兰无泄漏阀门开关自如、位置正确	设备检修相关盲板拆装	设备内物料情况详细反应釜系统真空度正常	检查人	检查日期	备注
4	脱色釜	物料进出管路及阀门						
		蒸汽进出管路及阀门						
		真空管路及阀门						
		取样口						
		投炭孔						
		回流管路及阀门						
5	收集罐	物料进出管路及阀门						
		取样口						
6	成品罐	物料进出管路及阀门						
		真空管路及阀门						
		取样口						
7	成品泵	进出口管路及阀门						
8	空压缓冲罐	进出口管路及阀门						
		安全阀						

班长签字：　　　　　　　　　　车间主管签字：

附表9　单机试车记录记录

序号	设备名称	电机			泵头真空	运转情况	静电接地	检查人	备注
		额定功率/kW	电压V	电流I					
1	打醇泵	N=7.5kW							
2	液酐保温计量泵	N=3.0kW							
3	打炭泵	N=0.454kW							
4	打废水泵	N=0.55kW							
5	真空泵	N=3.0kW							
6	压滤泵	N=1.5kW							
7	成品灌装泵	N=0.5kW							
8	空压泵	N=5.5kW							
9	冷水塔风扇泵	N=0.55kW							
10	蒸汽补水泵	N=0.75kW							
11	冷却水循环泵	N=2.2kW							
12	酯化釜搅拌	N=1.1kW							间歇
13	脱色釜搅拌	N=1.1kW							
14	酯化釜搅拌	N=1.1kW							连续
15	中和泵	N=3.0kW							

检查日期　　　　　班长签字：　　　　　　车间主管签字：

附表10　安全阀、强检表检查记录

名称	设备名称	规格型号	编号	检查日期	检查情况	检查人	备注
安全阀	压缩空气缓冲罐						
强检表	压缩空气缓冲罐压力表						
备注							

当班班长签字：　　　　　　　生产主管签字：

附表 11 危险作业劳保用品检查记录

作业	劳保用品	甲	乙	丙	维修
进罐作业	防护服、胶靴、口罩				
电焊工作业	防护面罩、专用手套、绝缘鞋				
电工作业	绝缘鞋				
班组长签字及日期					
检查人签字及日期					
备注					

当班班长签字： 生产主管签字：

附表 12 仪表检查记录（公用工程）

序号	仪表名称	使用温度/℃	压力或真空/MPa	最低液位/mm	最高液位/mm	控制地点	检查情况	检查人	备注
1	热油进口温度	120				控制间			显示
2	热油出口温度	140±10				控制间			显示（200℃）超温报警
3	油炉电加热器					控制间			控制
4	加热油炉风扇					控制间			控制
5	热油出口流量					控制间			$3m^3/h$
6	热油进出口压差		<0.1			控制间			超压差报警
7	膨胀槽液位			200	400	控制间现场			显示低位报警
8	导热油储罐液位				600	现场			显示
9	补油泵压力表		0~1.6			现场			显示
10	油循环泵压力表		0~1.6			现场			显示
11	油过滤器进口压力表		0~1.6			现场			显示
12	油过滤器出口压力表		0~1.6			现场			显示
13	补水泵流量					控制间			0~63L/h
14	组合水箱液位				1000	控制间现场			显示控制
15	冷却塔进水温度	50				控制间			显示
16	冷却塔出水温度	35				控制间			显示
17	补水泵压力表		0~1.6			现场			显示
18	循环水泵压力表		0~1.6			现场			显示
19	蒸汽流量	200	0.5			控制间			显示
20	蒸汽罐水液指示			−220	220	控制室现场			显示
21	蒸汽罐水液控制			−90		控制间			显示高低位报警
22	蒸汽发生器温度	200				控制间			显示
23	蒸汽发生器压力		<0.5			控制间			显示超压报警

班长签字： 车间主管签字：

附表 13 仪表检查记录（酸法工艺）

序号	仪表名称	使用温度/℃	压力或真空/MPa	最低液位/mm	最高液位/mm	控制地点	检查情况	检查人	备注
1	蒸汽包压力	常温	0.6			现场			显示
2	冷却水包压力		0.3			现场			显示

序号	仪表名称	使用温度/℃	压力或真空/MPa	最低液位/mm	最高液位/mm	控制地点	检查情况	检查人	备注
3	酯化釜液相温度	150	−0.1	800		控制室			显示
4	酯化釜汽相温度	150	−0.1	300		控制室			显示
5	酯化塔顶温度	150	−0.1	300		控制室			显示
6	酯化釜真空		−0.1			控制室			显示
7	中和粗酯罐温度表	100	−0.1	800		控制室			显示
8	中和泵压力表		0.4			现场			显示
9	文氏管进口压力表		0.4			现场			显示
10	文氏管出口压力表		0.3			现场			显示
11	中和重力沉降罐温度	100	常压	300		现场			显示（侧装）
12	配碱槽温度	100	常压	400		控制室			显示
13	碱水流量计			0~500kg/h		现场			显示
14	水洗水流量计			0~1000kg/h		现场			显示
15	水洗沉降罐温度	100	常压	300		控制间			显示（侧装）
16	真空缓冲罐真空表		−0.1			现场			显示
17	脱醇蒸汽压力表		0.6			现场			显示
18	脱醇活蒸汽压力		0.6	300		现场			显示
19	脱醇预热器温度	150		300		控制室			显示
20	脱醇塔顶温度表	150	−0.1	300		控制室			显示
21	脱醇塔底真空表		−0.1			现场			显示
22	脱醇粗酯流量计		−0.1	0~1000kg/h		现场			显示
23	脱醇过热蒸汽温度	300	−0.1	120		控制室			显示
24	脱醇酯收集罐真空		−0.1			控制室			显示
25	脱醇醇水收集罐液位		−0.1			控制室			显示
26	酯化分相罐液位		−0.1		800	控制室			显示
27	中和粗酯罐液位		−0.1		1000	控制室			显示
28	中和沉降罐液位		常压		1000	控制室			显示
29	水洗沉降罐液位		常压		1000	控制室			显示
30	碱水沉降罐液位		常压		1000	控制室			显示
31	脱醇粗酯液位		−0.1		1000	控制室			显示
32	脱醇塔底液位		−0.1		700	控制室			显示
33	脱醇酯收集罐液位		−0.1		600	控制室			显示
34	脱醇醇水收集罐液位		−0.1		800	控制室			显示

班长签字：　　　　　　　　　　　　　　　　　车间主管签字：

附表 14　仪表检查记录（非酸工艺）

序号	仪表名称	使用温度/℃	压力或真空/MPa	最低液位/mm	最高液位/mm	控制地点	检查情况	检查人	备注
1	辛醇储罐液位	常温	−0.1		1200	控制室			显示
2	液酐储罐液位	160	常压		600	控制室			显示
3	酯化釜液相温度	240	−0.1	800		控制室			显示
4	酯化釜汽相温度	220	−0.1	300		控制室			显示
5	酯化塔顶温度	200	−0.1	300		控制室			显示
6	酯化釜内压表		真空压力联程计			控制室			显示报警
7	热油进口温度	280	0.3			控制室			显示
8	热油出口温度	260	0.3			控制室			显示
9	分相罐液位	50	常压		800	现场			显示
10	尾气罐液位				600	现场			显示

续表

序号	仪表名称	使用温度/℃	压力或真空/MPa	最低液位/mm	最高液位/mm	控制地点	检查情况	检查人	备注
11	醇水收集罐真空		−0.1			控制室			显示
12	醇水收集罐液位	50	−0.1		600	控制室			显示
13	回收醇储罐液位	常温	−0.1		1000	控制室			显示
14	酯化打料阀	200				现场			电控调节
15	压滤粗酯罐液位	100	−0.1		1000	控制室			显示
16	脱色釜液相温度	100	−0.1	800		控制室			显示
17	压滤泵出口压力		0～1.6			现场			显示
18	压滤机压力		0～1.6			现场			显示
19	成品收集罐液位	50	常压		600	控制室			显示
20	成品罐液位	50	−0.1		1200	控制室			显示
21	空压缓冲罐压力		0～1.6			现场			显示
22	空压机出口压力		0～1.6			现场			显示
23	真空泵压力		−0.1			现场			显示
24	真空缓冲罐		−0.1			现场			显示

班长签字：　　　　　　　　　　车间主管签字：　　　　　　　　　　　　　　　年　　月　　日

附表 15　消防器材检查记录

序号	分布地点	二氧化碳灭火器			干粉灭火器			消防栓				检查人签字
		数量（台）	是否过期	是否完好	数量/台	是否过期	是否完好	水带/盘	枪头/个	栓头/个	是否完好	
1	生产车间一层											
2	生产车间一层装置区											
3	生产车间二层间歇装置区											
4	生产车间二层半连续装置区											
5	车间控制室											
6	配电室门口											
7	辛醇储罐											
8	液酐储罐											
9	成品储罐											
10	生产车间门外											
11	车间控制室门外											

车间主管签字：　　　　　　　　　　检查人：　　　　　　　　　　　　　　　年　　月　　日

附表 16　公用工程及原料检查记录

序号	项目及要求	检查情况	检查人	检查时间	备注
1	供水正常				
2	供电正常				
3	供热正常				
4	供蒸汽正常				

续表

序号	项目及要求	检查情况	检查人	检查时间	备注
5	热油系统运转正常、油压正常、油温正常				
6	氮气供应正常				
7	原料：苯酐				
8	辛醇				
9	回收醇				
10	活性炭				
11	催化剂				
12	纯碱				

实训车间主管签字：

附表 17　人员培训情况记录

培训时间		培训地点			
培训内容					
讲课人					
参加培训人员	班次	成绩	参加培训人员	班次	成绩
检查人员签字			实训车间主管签字		

附表 18　二辛酯盘点记录

序号	设备名称	1号	2号
1	酯化釜		
2	酯化分相罐		
3	醇水收集罐		
4	尾气罐		
5	回收醇储罐		
6	废水罐		
7	压滤粗酯罐		
8	压滤收集罐		
9	脱色釜		
10	压滤机		
11	成品罐		
12	辛醇储罐		
13	苯酐储罐		
备注			

班长签字：　　　车间主管签字：

附录四　企业常用的特种作业表

附表 19　特殊作业人员资格登记表

单位名称：

序号	姓名	性别	所属部门	操作证有效期	作业证号	文化程度	身高	身份证号

附表 20　工伤事故登记表

单位：　　　　　　伤亡程度：　　　　　　编号：

姓名		性别		年龄		工种	
本工种工龄		技术级别		是否受过安全教育		事故时间	
总工龄		文化程度		是否有安全作业证		年　月　日　时	
事故地点		事故时生产状态		受伤部位			
事故类别		事故原因					
事故经过及原因分析							
预防措施及处理意见							

填报人：　　　　　　　　　　日期：　　年　　月　　日

附表 21　粉尘作业岗位情况登记表

单位名称：

序号	工序名称	粉尘名称	接触人数		体检人数		浓度测定/(mg/m³)	测定时间	国家标准/(mg/m³)	存在问题	有何治理措施
			男	女	男	女					

附表 22　安全例会记录

编号：

会议名称	
时间	
地点	
主持人	
记录人	
参加人员	

会议内容：

附表 23　安全员检查记录

检查部门：　　　　　　　　　　　　　　　　检查人：

检查日期	检查部位	检查内容及发现问题	整改情况

备注：整改情况要求问题整改完后填写，并注明整改日期。

附表 24　消防检查记录

检查时间		参加检查人	
检查部位			
检查内容			
检查发现隐患			
备注	查出火险隐患下发《隐患整改通知书》限期整改,短时间内难以整改的要拿出整改前的安全措施和整改意见以及完成时间上报消防管理部门和主管领导。		

附表 25　隐患整改通知书

编号：

隐患部门		整改部门	
通知日期		限改日期	
隐患内容			
整改意见			
签发负责人		签收负责人	
主管领导意见			
整改情况记录			
备注	此通知单签收后,必须按期整改,未按期整改发生事故者,由签收人负责。 隐患整改后,由整改单位填写整改情况,并上报安全管理部门存档备查。本表一式二份,检查部门一份,被检查部门一份。		

填发人：　　　　　　　　　　　　　　　年　　月　　日

附表 26　动土施工许可证

申请部门		施工单位	
用途			
时间	年　月　日至　年　月　日		
施工现场草图			
动力分厂审批意见		主管领导审批意见	
负责人(签字)　　　年　月　日		负责人(签字)　　　年　月　日	

附表 27　动土作业许可证

编号：

申请单位：	项目负责人：

施工方式：

作业时间：　　　　　　　　年　月　日至　　　　年　月　日止

动土范围：(重点项目、危险地段应附图)

施工员(签字)

安全措施：

安全措施实施人(签字)　　　　　　　　　　　　　　　总图审核(签字)

总图及水、电、汽、工艺、设备、安全等配合单位负责人(签字)

机动部门审批人(签字)	施工负责人(签字)	安全监护人(签字)

施工所在地段单位安全负责人验票(签字)

附表 28　临时线安装申请表

单位名称：　　　　　　　　　　　　　　　　　　编号：

申请部门		安装地点	
用途			
安全措施			
安装日期	年　月　日	作业电工(签字)	
拆除日期	年　月　日	拆除负责人(签字)	
电气部门审批意见		安全部门审核意见	
负责人(签字) 　年　月　日		负责人(签字) 　　　　　年　月　日	

　说明：此证一式三份，作业电工一份、电气部门一份、安全管理部门一份。

附表 29　动火申请表

申请动火部门：　　　　　　　　　　　　　　　　　编号：

动火地点		动火时间	
动火人员		监护人员	
动火项目说明		动火等级	
技术员意见	签字：		
申请部门负责人意见	签字：		
防火员意见	签字：		
单位主管意见	签字：		
备注	动火时必须按上述有关要求去做，如未按要求做，发生事故者，由责任者负责。必须做到动火前清理现场，动火后检查现场，动火时监护人员必须在场监护。动火现场禁止吸烟。		

附表 30　设备内安全作业证

编号：

设备所在部门负责项目	设备所在部门					
	设备名称					
	检修作业内容					
	设备内主要介质					
	作业时间	年　月　日至　年　月　日				
	设备隔绝安全措施	确认人签字：				
	审批人	年　月　日				
检修单位负责项目	检修单位					
	检修项目负责人					
	检修作业监护人					
	作业中可能产生的有害物质					
	检修作业安全措施包括抢救后备措施					
	审批人	年　月　日				
分析项目	合格标准	分析数值	氧含量	采样时间	采样部位	分析人
终审审批	审批签字：　　　　年　月　日					

注：此表一式三份，①设备所在单位②检修单位③审批部门各一份。

附表 31　设备内安全作业票

车间名称：

作业工段：	作业设备名称：
作业负责人：	进入设备作业人：

作业单位(部门)负责人(签字)

作业时间：

年　月　日　时至　年　月　日　　时

作业内容及安全措施

工作下达及安全措施组织实施人(签字)

设备内气体分析数据(氧含量必须在 19%～22% 之间,有害气体在卫生允许范围内),

分析工(签字)

安全措施检查人(安全员)签字：	审查人(作业部门负责人)签字：

须戴面具工作时必须经安技部门批准并派人现场监护

现场监护人员签字：

安技部门批准人员签字：	岗位值班长验票(签字)：

　备注：1. 作业前必须办理好检修许可证,如果动火还应办理动火许可证。2. 本表一式两份,一份由进罐作业人员持存,作业完交安全员存档,另一份由安技部门现场监督员留存,作业完,安技部门存档。

附表 32　化工企业高处作业许可证

编号：

申请单位		申请人	
作业地点		作业时间	年　月　日 至　年　月　日
作业内容		作业高度和级别	米　　级
安全措施	(签字)		
作业人员个人保护措施	(签字)		
监护人履行职责	(签字)		
作业负责人意见	(签字)		
审批部门意见	(签字)		
备注			

说明：

1. 凡高处作业在 2～5m 由车间、主管部门领导和安全员审批。

2. 凡高处作业在 5m 以上由安全管理部门审批,并报主管厂长批准。

3. 此证一式三份,作业人员一份,监护人员一份,备案一份。

4. 本规定指《化工企业高处作业安全规定》。

附录五　中华人民共和国国家标准 GB/T 11406—2001

前　言

本标准是对国家标准 GB/T 11406—1989《工业邻苯二甲酸二辛酯》的修订。

本标准与 GB/T 11406—1989 的主要技术差异为：

——去掉了“热处理后色度”、“加热减量”两项技术指标，增加了“水分”一项技术指标，“酯含量”改为“纯度”。

本标准自实施之日起，代替 GB/T 11406—1989。

本标准由国家石油化学工业局提出。

本标准由全国橡胶与橡胶制品标准化技术委员会化学助剂分技术委员会归口。

本标准主要起草单位：山东齐鲁增塑剂股份有限公司。

本标准主要起草人：周建秀、李艳、韩邦友、邢光全。

本标准首次发布于 1989 年 3 月 27 日。

中华人民共和国国家标准

GB/T 11406—2001

工业邻苯二甲酸二辛酯

代替 GB/T 11406—1989

Di-(2-ethylhexyl)phthalate for industrial use

警告：使用本标准的人员应熟悉正规实验室操作规程。本标准无意涉及因使用本标准可能出现的所有安全问题。制定相应的安全和健康制度并确保符合国家法规是使用者的责任。

1　范围

本标准规定了工业邻苯二甲酸二辛酯的要求、试验方法、检验规则及标志、包装、运输和贮存。

本标准适用于邻苯二甲酸酐与辛醇（2-乙基己醇）经酯化法制得的邻苯二甲酸二辛酯。其主要用于塑料、橡胶、油漆及乳化剂等工业中。

分子式：$C_{24}H_{38}O_4$

结构式：

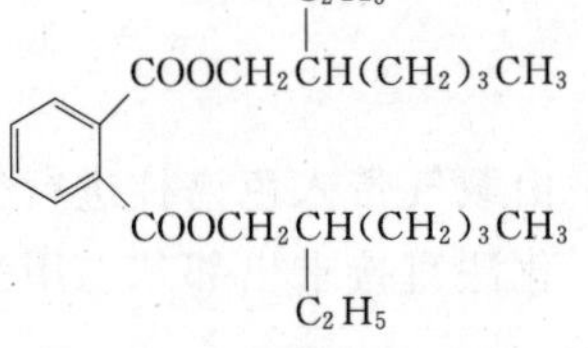
C2H5
COOCH2CH(CH2)3CH3
COOCH2CH(CH2)3CH3
C2H5

相对分子质量：390.56（按 1997 年国际相对原子质量）

2　引用标准

下列标准所包含的条文，通过在本标准中引用而构成为本标准的条文。本标准出版时，

中华人民共和国国家质量监督检验检疫总局 2001-08-28 批准　　2002-05-01 实施

所示版本均为有效。所有标准都会被修订，使用本标准的各方应探讨使用下列标准最新版本的可能性。

　　GB/T 601—1988　化学试剂　滴定分析（容量分析）用标准溶液的制备

　　GB/T 603—1988　化学试剂　试验方法中所用制剂及制品的制备

　　GB/T 1250—1989　极限数值的表示方法和判定方法

　　GB/T 1664—1995　增塑剂外观色度的测定

　　GB/T 1672—1988　液体增塑剂体积电阻率的测定

　　GB/T 4472—1984　化工产品密度、相对密度测定通则

　　GB/T 6489.1～6489.4—2001　工业用邻苯二甲酸酯类的检验方法

　　GB/T 6680—1986　液体化工产品采样通则

　　GB/T 6682—1992　分析实验室用水规格和试验方法（neq ISO 3696：1987）

　　GB/T 8170—1987　数值修约规则

　　GB/T 11133—1989　液体石油产品水含量测定法（卡尔·费休法）

3　要求

3.1　外观：透明、无可见杂质的油状液体。

3.2　工业邻苯二甲酸二辛酯应符合表 1 要求。

表 1　工业邻苯二甲酸二辛酯的技术指标

项　目		指　标		
		优等品	一等品	合格品
色度，(铂-钴)号	≤	30	40	60
纯度，%	≥	99.5	99.0	
密度(20℃)，g/cm³		0.982～0.988		
酸度(以苯二甲计)，%	≤	0.010	0.015	0.030
水分，%	≤	0.10	0.15	
闪点，℃	≥	196	192	
体积电阻率，×10⁹Ω·m	≥	1.0	1)	—

1)根据用户需要,由供需双方协商,可增加体积电阻率指标。

4　试验方法

　　本标准中所用标准滴定溶液、制剂及制品，在没有注明其他要求时，按 GB/T 601、GB/T 603 之规定配制。试验用水应符合 GB/T 6682 三级水的规定。

4.1　色度的测定

　　按 GB/T 1664 之规定进行测定。

4.2　纯度的测定

4.2.1　原理

　　取适量样品注入气相色谱仪，由载气带入色谱柱进行分离，流出物以氢焰离子化检测器检测，并记录色谱图，用面积归一化法直接求出邻苯二甲酸二辛酯的纯度。

4.2.2　试剂与材料

　　载气和辅助气：

　　a）氮气：纯度不小于 99.99%；

　　b）氢气：纯度不小于 99.99%；

　　c）压缩空气：经净化处理。

4.2.3　仪器

4.2.3.1　气相色谱仪：检测器：氢火焰离子化检测器。

4.2.3.2　色谱柱

a) 石英毛细管柱，0.53mm×15m×0.1μm 商品柱，固定液是苯基（50%）甲基聚硅氧烷（OV—17）。

b) 石英毛细管柱老化：将毛细管柱装在色谱仪柱箱中，检查气密性后，自柱温 100℃ 开始通氮气分段老化，升温到 270℃ 时，老化 7 小时以上，直至基线稳定。

4.2.3.3　进样器：10μL 微量玻璃注射器。

4.2.3.4　积分仪或色谱数据处理机。

4.2.4　操作步骤

4.2.4.1　按下列条件调整仪器，允许根据不同仪器作适当变动，应得到合适的分离度。

柱温采用程序升温：

a) 初始温度：150℃；

b) 初始持续时间：2min；

c) 升温速度：10℃/min；

d) 最终温度：240℃；

e) 终温持续时间：10min；

f) 气化室温度：260℃；

g) 检测室温度：260℃；

h) 氮气流速：30mL/min；

i) 氢气流速：30mL/min；

j) 空气流速：300mL/min。

4.2.4.2　计算方法：面积归一化法。

4.2.4.3　试验：按上述规定调整仪器，待基线稳定后，用微量注射器进样，同时启动积分仪或数据处理机，由仪器自动给出各组分面积百分比，如果仪器的线性范围能满足归一化法定量分析的要求，且样品纯度约在 98% 以上，则可以直接测定邻苯二甲酸二辛酯的纯度。否则不能测定其绝对纯度。

4.2.4.4　色谱图及相对保留时间：色谱图见图 1。

相对保留时间见表 2。

表 2　各组分在色谱柱（OV—17）上的相对保留时间

峰序	组分	相对保留时间/min	峰序	组分	相对保留时间/min
1	2-乙基己醇	0.24	8	邻苯二甲酸二丁酯	5.11
2	丁酸辛酯	0.38	9	未知峰	6.02
3	未知峰	0.47	10	未知峰	6.75
4	二辛基酯	0.69	11	邻苯二甲酸丁辛酯	7.16
5	苯酐	1.34	12	未知峰	8.21
6	苯甲酸辛酯	2.49	13	邻苯二甲酸二异辛酯	8.70
7	未知峰	4.24	14	邻苯二甲酸二辛酯	9.52

4.2.4.5　分析结果的表述

邻苯二甲酸二辛酯含量 X_1，用质量百分数表示，按式（1）计算：

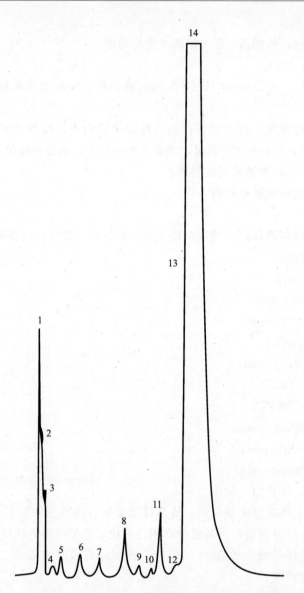

1—2-乙基己醇；2—丁酸辛酸；3—未知峰；4—二辛基酯；5—苯酐；6—苯甲酸辛酯；7—未知峰；
8—邻苯二甲酸二丁酯；9—未知峰；10—未知峰；11—邻苯二甲酸丁辛酯；12—未知峰；
13—邻苯二甲酸二异辛酯；14—邻苯二甲酸二辛酯
图 1　工业邻苯二甲酸二辛酯色谱图

$$X_1 = \frac{A}{A + \sum A_i} \times (100 - X_5) \tag{1}$$

式中　A——试样中邻苯二甲酸二辛酯的峰面积，mm^2；

　　$\sum A_i$——试样中各杂质峰面积之和，mm^2；

　　X_5——试样中水含量，%。

4.2.5　允许差

两次平行测定结果之差不大于 0.15%，以两次平行测定值的算术平均值作为该试样的纯度。

4.2.6 检测限

最低检测浓度 0.002%。

4.3 密度的测定

按 GB/T 4472—1984 中 2.3.2 韦氏天平法之规定进行测定。

4.4 酸度的测定

按 GB/T 6489.2—2001 进行。

4.5 水分的测定

按 GB/T 11133 之规定进行测定。

4.6 闪点的测定

按 GB/T 6489.4—2001 进行。

4.7 体积电阻率的测定

按 GB/T 1672 之规定进行测定。

5 检验规则

5.1 本产品应由生产厂的质检部门进行检验,生产厂保证出厂产品各项指标符合本标准要求,并应附有一定格式的质量证明书。证明书包括生产厂名、产品名称、等级、批号、生产日期及标准编号。

5.2 收货单位有权按照本标准规定的技术条件、检验规则、试验方法对所收到的邻苯二甲酸二辛酯进行验收(自生产之日起,有效质量保证期为三个月)。

5.3 本产品以一个贮罐产品或一次包装的均匀产品为一批。

5.4 按照 GB/T 6680 的规定进行采样,取样量不得少于 1000mL。混合均匀后,分装入两个洁净干燥的磨口瓶中,粘贴标签注明:产品名称、取样日期、批号、取样者,一瓶进行检验,另一瓶保留三个月,以备检查。

5.5 检验结果中如有一项指标不符合本标准要求时,应重新取样;如果是桶包装,应自两倍量的包装容器中取样进行复检。所得结果,即使只有一项指标不符合标准要求时,则整批产品为不合格产品。

5.6 当供需双方对产品质量发生异议时,仲裁单位可由双方协商选定并应按本标准规定的试验方法进行检验。

6 标志、包装、运输、贮存

6.1 标志

每个包装容器上应涂刷标志,内容包括生产厂名、产品名称、净含量。每个包装桶上都应粘贴出厂合格证,注明生产厂名、产品名称、批号、级别和包装日期。

6.2 包装

邻苯二甲酸二辛酯应装入牢固、干燥、清洁的 200L 容量的镀锌铁桶或钢桶中。桶盖的螺丝口应用清洁聚乙烯或无色橡胶圈进行密封,以防止漏损。产品散装容器也必须满足上述要求。

6.3 运输、贮存

邻苯二甲酸二辛酯应贮存在干燥、通风的仓库或货棚内,运输过程应防止猛烈撞击。

参 考 文 献

[1] Pellen Marius, "Rendering Caoutchouc Fabrics, ect. , Impermeableby、Cas ," Brit. Pat. 256 (1856)

[2] Parkes, Alexander, "Waterproofing fabrics, etc. ," Brit、Pat. 1, 125 (1856)

[3] Bary, Paul and Ernst A. Hauser, "Researches on the structure of Rubber," Rubber Age (NY), 23, 685-688 (1928)

[4] 《增塑剂》第 22 卷第 4 期 17-24 汪多仁 "邻苯二甲酸酯的开发与应用进展"

[5] 石万聪.邻苯二甲酸酯对公共卫生的影响.增塑剂,2007 (5) 6-14.

[6] 石万聪.2002 年中国工程塑料协会塑料助剂专业委员会会员大会论文集。2002.71-78

[7] 化学工业出版社 1989.12《增塑剂》

[8] 化学工业出版社 2002.9《增塑剂及其应用》

[9] 增塑剂编辑部 1987.6《增塑剂工人技术培训教材》

[10] 中华人民共和国国家标准 GB/T11406—2001 (邻苯二甲酸酯)

[11] 中华人民共和国国家标准 GB/T15336—2006 (邻苯二甲酸酐)

[12] 中华人民共和国国家标准 GB/T6027—1998 (2-乙基己醇)

[13] 中华人民共和国国家标准 GB/T6818—1993 (工业正丁醇)

[14] 中华人民共和国国家标准 GBG17023—90 (工业异丁醇)

[15] 中华人民共和国国家标准 GB210—92 (工业碳酸钠)